LES
PLANTES UTILES

PAR

ARTHUR MANGIN

ILLUSTRATION

PAR YAN' DARGENT ET W. FREEMAN

TROISIÈME ÉDITION

TOURS
ALFRED MAME ET FILS
ÉDITEURS

LES

PLANTES UTILES

———

2ᵉ SÉRIE IN-4°

Le Chêne.

LES
PLANTES UTILES

PAR

ARTHUR MANGIN

ILLUSTRATION

PAR YAN'DARGENT ET W. FREEMAN

QUATRIÈME ÉDITION

TOURS

ALFRED MAME ET FILS, ÉDITEURS

M DCCC LXXXVI

AVANT-PROPOS

Un livre comme celui-ci peut se passer de préface. Son titre dit à peu près tout ce qu'il faut que le lecteur sache à l'avance. Tout au plus est-il nécessaire d'ajouter qu'en inscrivant en tête du présent volume ces mots, *les Plantes utiles*, je n'ai point entendu prendre l'engagement de tracer l'histoire de toutes les plantes utiles, mais seulement de celles qui servent le plus directement à nos besoins. Encore en est-il beaucoup, parmi ces dernières, que j'ai cru pouvoir négliger, parce qu'elles sont connues de tout le monde, ou parce que leur histoire n'eût offert aucune particularité intéressante. Il en est aussi dont l'histoire se trouve dans un autre ouvrage [1] publié par les mêmes éditeurs, et sur lesquelles il m'a paru inutile de revenir. Ce sont les plantes vénéneuses, qui sont aussi, en général, des plantes très utiles; car elles fournissent à la thérapeutique les médicaments les plus actifs.

La division que j'ai adoptée m'était non pas seulement indiquée, mais en quelque sorte imposée par la nature même du sujet. J'ai dû rejeter au second plan les classifications botaniques, pour me préoccuper avant tout de la classification usuelle, et grouper les plantes d'après les différents genres de services qu'elles nous rendent.

J'ai donc formé une première catégorie des *plantes alimentaires*, catégorie nombreuse où j'ai compris, outre les plantes

---

[1] *Les Poisons.*

comestibles, celles qui nous fournissent des aliments liquides,
des boissons. J'ai placé ensuite les *plantes à épices,* qui sont
de très utiles et très agréables adjuvants de l'alimentation.
Puis viennent les plantes que nous employons à des usages
d'un autre ordre, et qui fournissent les matériaux que mettent
en œuvre l'industrie et les arts utiles; les arbres dont les bois
forment les charpentes de nos maisons et de nos navires, dont
nous faisons des meubles et une multitude d'objets de fantaisie;
les plantes dont nous tirons des matières colorantes que l'industrie applique sur les tissus ou que l'art de la peinture fait
servir à l'exécution de ses œuvres charmantes; les plantes à
fibres textiles; les plantes d'où s'extraient les gommes, les
gommes-résines, les baumes, substances dont les découvertes
de la botanique et de la chimie nous ont fait connaître les
propriétés si précieuses et si variées; enfin les plantes médicinales, qui ont gagné en importance, à mesure que les progrès de la science en réduisaient le nombre pour ne conserver
dans la pharmacopée que celles qui rendent à l'art de guérir
des services réels.

Tel est le cadre que je me suis tracé et que j'ai tâché de
remplir le mieux possible, en m'efforçant de ne rien omettre
de ce qui pouvait servir à l'instruction du lecteur, mais me
souvenant aussi du proverbe : « Qui trop embrasse mal
« étreint. »

Arthur MANGIN

Paris, mars 1869.

LES

PLANTES UTILES

PLANTES ALIMENTAIRES

I

LES GRAMINÉES — LES GRAMINÉES FOURRAGÈRES ET LES CÉRÉALES
— LE FROMENT — BLÉS ET ÉPEAUTRES

Le premier rang dans la hiérarchie des plantes alimentaires appartient de droit à l'estimable famille des Graminées, qui, plus que toute autre, est la nourrice de l'humanité; car elle la nourrit directement et indirectement : directement, par les espèces précieuses qui nous donnent le pain; indirectement, par les espèces plus humbles, par les herbes des prairies, que paissent les bestiaux, et qui, élaborées par la digestion, deviennent chair succulente, pot-au-feu, rôti et grillade.

Notons en passant ce fait capital, et ne l'oublions pas : le règne animal tout entier, sans aucune exception, vit du règne végétal, lequel vit lui-même : en partie du règne minéral ou

inorganique, auquel il emprunte certains éléments simples
ou peu complexes; en partie des deux règnes organiques, qui
peu à peu lui restituent ce qu'ils en ont tiré. Les animaux herbivores, granivores, frugivores, broutent les petites plantes
qui croissent à terre, les feuilles des arbres, les jeunes pousses
des arbrisseaux; ils grignotent les fruits ou les graines; ils
rongent les écorces ou les racines; puis ils servent de pâture
aux carnassiers. L'homme, qui est omnivore, se nourrit,
comme les herbivores, des feuilles, des fruits et des semences
de diverses plantes, et, comme les carnassiers, de la chair de
ces mêmes herbivores. Ainsi s'accomplit dans toute la nature
la grande évolution de la matière, l'éternelle métamorphose
des éléments, qui passent incessamment du règne minéral au
règne végétal, et du règne végétal au règne animal, pour
revenir ensuite au réservoir commun, et de là rentrer encore
dans le tourbillon de la vie.

Or quelle famille contribue plus abondamment que celle
des Graminées à l'alimentation de nos herbivores domestiques?
Elle leur fournit ces espèces si nombreuses et si répandues,
ces *Gramens* dont parle Linné : « Plébéiens, campagnards,
« pauvres, gens de chaume, très simples, très vivaces, qui
« font la force et la puissance du règne végétal, et se mul-
« tiplient d'autant plus qu'on les maltraite et qu'on les foule
« aux pieds [1]. » A cette famille appartiennent les Flouves, les

---

[1] *Gramina plebeii, rustici, pauperes, culmacei, simplicissimi, regni vegetalis vim
et robur constituentes, quoque magis mulctati et calcati, eo magis multiplicativi.*

Un poëte, que M. le Maout cite sans le nommer, a paraphrasé dans les vers suivants
ce passage du célèbre naturaliste suédois :

> Famille bienfaisante, aimables graminées,
> De vos modestes fleurs les humbles hyménées
> Devraient être bénies par tout le genre humain.
>
> . . . .
>
> Linné, qui connut tout et qui sut tout décrire,
> Linné, législateur du végétal empire,
> Vous classa dans les rangs des obscurs plébéiens.
> Oui, vous êtes le peuple, utiles citoyens:
> Comme lui, de l'État vous fondez la richesse;
> Comme lui, vos enfants, sous le pied qui les presse,
> Poussent avec vigueur de nombreux rejetons,
> Qui, toujours opprimés, renaissent plus féconds.

Vulpins, les Phléoles, les Paspales, les Panics ou Millets, les
Agrostis, les Houques, les Canches, les Méliques, les *Lolium*,
les Bromes, les Fétuques, les Pâturins, les Sorghos, les Avoines,
les Orges et les Seigles. Ces dernières espèces établissent la
transition entre les Graminées purement fourragères et celles
qui servent directement à l'alimentation de l'homme, et qu'on

Le pâturage.

a nommées les Céréales, en souvenir de la blonde déesse que
la mythologie grecque et latine leur donnait pour protec-
trice.

On comprend sous cette dénomination une demi-douzaine
environ d'espèces, dont la culture remonte à l'origine de la
civilisation, et que l'homme a tellement modifiées et perfec-
tionnées, qu'il en est de ces plantes comme de nos animaux
familiers : le chien, le bœuf, le mouton, la chèvre, dont on
on ne peut savoir au juste ce qu'ils étaient primitivement à l'état
de nature.

Le Froment (*Triticum*, tribu des Hordéacées), dont il convient de nous occuper d'abord, a surtout mis à l'épreuve le
savoir et la patience des botanistes, qui se sont évertués à

découvrir parmi les Graminées sauvages celle qu'ils pourraient lui donner pour ancêtre, et, parmi les contrées de l'Orient (car on suppose toujours que c'est de l'Orient que nous avons dû tirer tous les éléments de nos arts et de nos industries), le pays qu'il faut considérer comme sa patrie. « Tandis qu'Olivier pensait avoir trouvé en Perse le véritable Froment à l'état sauvage, d'autres botanistes supposent que cette céréale provient de quelque espèce de Graminée voisine. C'est ainsi qu'Esprit Fabre a entrepris, mais sans succès, de métamorphoser l'*Ægilops triticoïdes* en Blé. L'Ægilops qu'il a cultivé a cessé d'être un Ægilops sans devenir un *Triticum*. En conséquence, la question est encore à résoudre, soit par de nouvelles recherches dans l'Asie orientale et centrale, soit par de nouvelles expériences de transformation. Au reste, si nous ignorons l'origine du Froment, nous ne sommes pas mieux instruits sur l'époque de son introduction dans l'agriculture. En compulsant les annales des Chinois, on n'y trouve aucun renseignement à ce sujet; et, malgré les gloses des commentateurs des livres saints, nous ne savons pas si par *Chitah* on doit entendre le *Triticum sativum* ou le *Triticum spelta*. Nous ignorons également si le πυρός d'Homère désigne l'Orge ou bien le Froment; plus tard, ce dernier se trouve mentionné par les écrivains grecs sous le nom de σῖτος. L'incertitude est moins grande relativement à l'Épeautre. On sait assez positivement que les Grecs donnaient le nom d'ὄλυρα au grand Épeautre, et celui de τίφη au petit. L'Épeautre est évidemment la céréale la plus anciennement cultivée dans la péninsule italique, comme le prouve le simple nom de *semen,* que lui donnaient les Romains. On prétend aussi que c'était ce *Triticum* que les Égyptiens cultivaient de préférence à tout autre, malgré l'adhérence de sa balle [1]. »

Bien que l'auteur des lignes que je viens de citer se plaigne de notre ignorance au sujet de l'époque à laquelle on com-

---

[1] *Dictionnaire illustré et Encyclopédie universelle,* de M. B. Dupiney de Vorepierre.

mença de cultiver le Froment sur l'ancien continent, il établit
fort bien, comme on vient de le voir, que cette culture remonte
à une antiquité très reculée; ce dont, au surplus, personne ne
doute. Que ce soit le Blé ou l'Épeautre qui ait été cultivé le premier, peu importe, puisque l'Épeautre (*Triticum spelta*) n'est
qu'une variété de Froment. Il n'en est pas moins avéré que
la plante précieuse dont la graine ou le fruit sert à faire le

Le Blé.

pain fut connue des hommes dès que ceux-ci commencèrent à
passer de la vie errante et sauvage à des mœurs plus douces et
à une vie plus sédentaire, ou plutôt que les hommes commencèrent à sortir de la barbarie, à partir du moment où ils con-
nurent et cultivèrent le Froment. Les autres céréales, qui ne
se prêtent point à la confection du pain proprement dit, n'a-
vaient pas les qualités nécessaires pour donner lieu à une si
grande et si heureuse révolution. Il est même curieux de noter
que, dans les pays où le Froment est resté inconnu jusqu'à une
époque relativement récente, la civilisation a été fort lente
dans son éclosion et dans ses développements, et a suivi une
marche tout autre que chez les races qui ont débuté par l'a-
griculture.

Le Froment constitue, dans la famille des Graminées, un genre qui se subdivise en deux sous-genres : *Triticum* et *Agropyrum*. C'est au premier qu'appartiennent toutes les espèces cultivées. Le nombre de ces espèces est petit; mais celui des variétés obtenues par la culture est considérable, puisqu'il s'élève à près de trois cents. Les plus importantes sont désignées sous le nom commun de *Blés*.

Tout le monde connaît le Blé; quiconque a vécu tant soit peu à la campagne sait le distinguer des autres céréales. Sa tige, comme celle de toutes les Graminées, porte le nom spécial de *chaume*; séchée, elle constitue la paille. Elle est mince, tubuleuse, divisée d'espace en espace par des nœuds d'où partent les feuilles, qui sont longues, étroites et planes, à pétioles engainant, à limbe linéaire, à nervures parallèles. La hauteur que peuvent atteindre les chaumes de Blé est variable, mais ne dépasse pas un mètre au maximum. Au sommet se trouvent les fleurs, réunies en épillets, et si petites, si insignifiantes, qu'elles passent, pour ainsi dire, inaperçues. A ces fleurs succèdent les petits fruits vulgairement appelés grains, et que protègent plusieurs enveloppes : *glumes* ou *balles, paillettes* et *squamules*. Les épis sont garnis, dans quelques variétés, de barbes assez longues; mais la variété la plus répandue, le Blé commun d'hiver, en est dépourvue.

M. L. Vilmorin, et, d'après lui, M. J.-H. Magne, classent les Blés en six groupes principaux, savoir :

Les Blés communs, ou *Touzelles* (*Triticum hybernum*);

Les Blés barbus, ou *Seisettes* (*Trit. æstivum*);

Les Blés poulards, ou *Pétanielles* (*Trit. turgidum*);

Les Blés rameux, ou *Blés de miracle* (*Trit. compositum*);

Les Blés durs, ou *Durettes* (*Trit. durum*);

Et les Blés de Pologne (*Trit. Polonicum*).

Les Blés communs, les Blés barbus et les Blés poulards se subdivisent en variétés glabres et en variétés velues. Les Blés rameux n'ont pas de variétés bien tranchées; leurs grains sont tendres, tantôt roux ou noirs. Le groupe des Blés durs

comprend le Blé d'Afrique ou d'Espagne, le Blé roux d'Égypte
et le Blé de Taganrog. Les Blés de Pologne, dits aussi Blés
du Nord et Seigles de Pologne, ont des épis longs et rameux ; malgré leur nom, qui semble indiquer une origine

La moisson.

septentrionale, ils sont sensibles au froid. Quelques variétés
de ce groupe sont à épis rameux.

Après les Blés se placent les Épeautres, qui sont moins estimés, à cause de la difficulté qu'on éprouve à séparer leur
grain de sa balle. On classe les Épeautres en Épeautre ami-
donnier, petit Épeautre et Épeautre ordinaire.

Le Froment est essentiellement propre à la zone tempérée. On le cultive sur une immense échelle dans presque toute l'Europe, dans une grande partie de l'Asie, en Égypte, en Algérie, au cap de Bonne-Espérance, dans l'Amérique du Nord, en Australie. Mais les contrées qui en produisent le plus, et où il réussit le mieux, sont : en Europe, la France, l'Allemagne du Sud, les Principautés danubiennes, la Russie méridionale, l'ex-royaume de Naples; en Amérique, les États du nord-ouest de l'Union : l'Ohio, l'Indiana, l'Illinois, le Missouri et le Wisconsin.

Les usages économiques du Froment sont trop connus pour qu'il y ait lieu de les énumérer longuement. Les chaumes frais de cette céréale servent en partie à la nourriture du bétail; mais on préfère en général les laisser sécher et les utiliser à l'état de paille. On sait que les grains de Froment sont réduits, par la mouture, en une poudre appelée farine, et dont on fait le pain. La mouture n'est jamais complète, et donne une certaine quantité de granules, qui constituent ce qu'on nomme le *gruau* de froment. C'est la portion la plus dure du grain, la plus riche en gluten, partant la plus nutritive. On la sépare du reste, et tantôt on la vend en cet état sous le nom de *semoule*, tantôt on achève de la pulvériser, et on obtient ainsi une farine de qualité supérieure, avec laquelle on confectionne les petits pains de luxe dits « pains de gruau ».

Le Blé noir ou Sarrazin, qu'on cultive et que l'on consomme en assez grandes quantités dans certains pays, notamment en Bretagne, n'appartient ni au genre *Triticum*, ni même à la famille des Graminées. C'est une Polygonacée. Son nom botanique est *Fagopyrum*. Son nom vulgaire de Sarrazin lui vient, dit-on, de ce qu'il a été importé de Perse en Europe par les Arabes. On en connaît deux espèces : l'une dont les fleurs sont blanches et les fruits à faces unies; l'autre, dont les fleurs sont verdâtres et les fruits lisses. Celle-ci est plus rustique que la première. La farine de Sarrazin est assez blanche, et sa saveur n'est pas désagréable, mais elle renferme peu de gluten, et ne peut servir à la panification qu'autant qu'on la mélange avec de la farine de Froment. On en fait le plus souvent des galettes ou de la bouillie. Les graines de Sarrazin

Le Sarrazin (Blé noir).

sont d'ailleurs une excellente nourriture pour la volaille, et peuvent remplacer l'Avoine pour les chevaux. La plante elle-même est un fourrage passable et un excellent engrais. Enfin ses fleurs sécrètent une matière sucrée qui est fort recherchée par les abeilles.

II

CÉRÉALES AUTRES QUE LE BLÉ : LE SEIGLE, L'ORGE L'AVOINE, LE RIZ, LE MAÏS

Le SEIGLE (*Secale cereale*) est, comme le Froment, une Hordéacée ; il en diffère par ses épillets solitaires et biflores, disposés de chaque côté de l'axe ou *rachis* qui les porte. On n'en connaît qu'une seule espèce, qui se subdivise en cinq ou six variétés. Le Seigle croît dans les mêmes contrées et à peu près dans les mêmes conditions climatériques que le Blé; il résiste même beaucoup mieux au froid, et parcourt plus rapidement les diverses phases de sa végétation; en sorte qu'il peut donner des récoltes abondantes là où le Blé ne réussirait point : par exemple, sur les plateaux élevés et dans les pays septentrionaux. Le Seigle est, après le Froment, la céréale dont la farine se prête le mieux à la panification. Cette farine contient assez de gluten pour lever passablement, et, à raison de la notable proportion de substances hygroscopiques (gomme et dextrine) qu'elle renferme, elle donne un pain qui se conserve longtemps frais. Le pain de Seigle n'est jamais blanc, et il possède une saveur particulière, un peu aigrelette et aromatique, qui plaît d'abord au goût, mais dont on se lasse à la longue. On fait avec la farine de Seigle, mêlée à celle du froment, des petits pains de fantaisie qui sont un régal pour beaucoup de personnes, surtout pour les enfants. Le pain de Seigle est légèrement laxatif; il le devient davantage encore lorsqu'on y introduit de la glume moulue; c'est presque alors une substance médicinale. Le grain lui-même en est une tout à fait, et des plus énergiques, lorsqu'il est attaqué par une maladie à laquelle il est très sujet : maladie bizarre, qui envahit l'épi au moment de sa maturation, et qui est due au parasitisme d'un végétal cryptogame. Le grain, sous l'influence de cet agent, prend un développement anormal, principalement dans le sens de sa longueur. Il devient en même temps très dur, se colore à sa surface en brun violacé, et acquiert des propriétés particulières qui le font passer du domaine de l'alimentation dans celui de la droguerie.

Les grains de Seigle ainsi altérés et hypertrophiés sont récoltés en France dans la plupart des départements du Centre. Leur ressemblance extérieure avec l'ergot du coq leur a fait donner le nom d'*ergot de Seigle* ou de *Seigle ergoté*. On les appelle aussi quelquefois *Blé cornu*, *Seigle noir* et *Seigle cornu*, ou, en latin d'officine, *Secale cornutum*. La farine de Seigle qui contient du Seigle ergoté peut causer de graves accidents, tels que des affections gangreneuses du plus mauvais caractère. « On ne saurait, dit M. A. Chevallier dans son *Traité des falsifications,* trop prévenir les habitants des campagnes contre l'emploi de ce grain empoisonné. De nombreux exemples attestent les funestes effets de l'emploi des farines qui contiennent du Seigle ergoté. Il y a quelques années, cinq habitants de la commune de Saint-Léger-les-Bruyères (Allier) ont éprouvé des accidents terribles causés par du pain préparé avec des farines ergotées : un enfant a été obligé de subir l'amputation de la jambe; sa mère et trois autres enfants étaient dans l'état le plus déplorable. »

Le genre ORGE, type de la famille des Hordéacées, se compose de plantes herbacées annuelles, dont les fleurs sont disposées en épi simple sur un axe denté, qui porte à chaque dentelure trois épillets biflores. Ce genre se subdivise en deux sous-genres : le s.-g. *Hordeum* et le s.-g. *Zeocriton.* M. J.-H. Magne en compte une demi-douzaine, savoir : l'*Orge à six rangs* (*Hordeum hexastichon*); l'*Orge commune* ou *carrée* (*H. vulgare*); l'*Orge céleste* ou *nue* (*H. cœleste*); l'*Orge à deux rangs* (*H. distichon*); l'*Orge éventail* ou *à large épi* (*H. zeocriton*), et l'*Orge d'Espagne* ou *de Piémont* (*H. distichon nudum*).

D'après le même auteur, l'Orge doit à la promptitude de sa végétation de pouvoir être cultivée sous les climats les plus divers. On la trouve dans les régions les plus glaciales, sous le 67ᵉ degré de latitude, comme en Égypte. Ses grains peuvent servir à la nourriture de l'homme et à celle de tous les herbivores. Cependant, donnée aux chevaux en trop grande quantité, ils occasionnent chez ces animaux la maladie que nous appelons *fourbure,* et que les Romains, qui en avaient reconnu la cause, nommaient *hordeatio.*

D'après M. Payen, la composition de l'Orge se rapproche beaucoup de celle du Seigle. Sa farine est ordinairement grossière, en raison de son enveloppe dure et fragile, qui est partiellement réduite en poudre sous la meule. On pourrait obtenir une farine douce et blanche en opérant d'abord une sorte de décortication ou de mondage qui séparerait les enveloppes; mais la farine d'Orge, quelque fine qu'elle fût, ne donnerait qu'un pain mat, peu levé, par suite de l'absence du gluten indispensable pour faire lever la pâte. Le pain d'Orge a une saveur et une odeur bien moins agréables que celui de Froment.

On consomme néanmoins, dans certains pays, un pain fait de farine d'Orge à laquelle on ajoute un tiers ou un quart de Froment. L'Orge perlée, ou Orge décortiquée et arrondie entre des meules, s'emploie, en Allemagne et en Alsace, pour la confection de potages au lait, au bouillon, etc. Mais ce qui fait l'importance de l'Orge, surtout dans les pays septentrionaux qui ne produisent pas de vin, c'est l'emploi qu'on en fait pour la fabrication de la bière. La bière s'obtient, en effet, par la fermentation de la matière amylacée que renferme l'Orge, et qui se transforme en alcool et en acide carbonique.

L'Orge préparée pour la fabrication de la bière est désignée sous le nom de *malt*. La préparation consiste à mouiller les grains, qui bientôt se gonflent et commencent à germer. On arrête la germination en les faisant sécher, soit à l'étuve, soit sur un fourneau appelé *touraille*. On distingue le malt en *pâle*, *ambré* et *brun*, suivant qu'il a été soumis à une température plus ou moins élevée. Le malt pâle sert à préparer les bières blanches; le malt ambré est destiné pour les bières brunes de. Paris, de Lyon, de Bavière, de Strasbourg, etc; le malt brun sert à faire les bières fortes et foncées en couleur, notamment le *porter* anglais.

L'Avoine (*Avena*, tribu des Avénées) est une jolie plante, dont les fleurs et les fruits, disposés en panicule ou grappe terminale, se balancent élégamment au sommet d'un chaume très menu. Elle est cultivée de temps immémorial, et réussit sous les climats les plus divers, dans les sols tourbeux aussi bien que

dans les terres maigres et siliceuses. On en distingue quatre
espèces : l'*Avoine commune* (*Avena sativa*), qui offre plusieurs
variétés; l'*Avoine unilatérale* (*Av. unilateralis*); l'*Avoine courte*
(*Av. brevis*), et l'*Avoine nue* (*Av. nuda*). La farine d'Avoine est
caractérisée par la forte proportion de substance grasse qu'elle
renferme. « Sous ce rapport, dit M. Payen, elle ne le cède
qu'au Maïs. Un autre caractère distinctif de l'Avoine consiste

Orge et Avoine.

dans la présence de principes aromatiques, qui excitent au
plus haut point l'appétence des chevaux et soutiennent leur vi-
vacité, notamment dans les climats froids et tempérés, où nul
autre grain ne saurait produire, sous ce rapport, d'aussi bons
résultats. L'Avoine, débarrassée de ses écailles ou enveloppes,
forme une sorte de gruau employé avec succès dans l'alimentation des hommes en Irlande et en Écosse, et plus particulièrement introduit dans le régime alimentaire des enfants, sous
forme de potage, dans toute l'Angleterre. On en fait également
usage dans quelques contrées de la France, où le Froment est
à un prix trop élevé pour une grande partie de la population. »
Dans les différentes contrées de l'Europe, on prépare avec le

gruau d'Avoine une décoction amylacée et mucilagineuse, à la fois nutritive et rafraîchissante. C'est ce qu'on nomme la « tisane de gruau. »

Nous avons terminé la série des céréales propres aux régions tempérées du globe, beaucoup mieux partagées sous ce rapport que les pays chauds. Ceux-ci, en effet, ne possèdent que deux genres de Graminées comparables à celles que nous cultivons dans nos champs : le Riz et le Maïs.

Le Riz (*Oryza*) donne son nom à la famille des Oryzées. On le croit originaire de l'Inde, d'où il s'est répandu dans toute l'Asie méridionale, dans le midi de l'Europe, en Amérique et en Afrique, c'est-à-dire sur une bonne moitié de la terre habitée. Le genre Riz comprend quatre espèces ; mais celle qu'on désigne sous le nom de *Riz commun* (*Oryza sativa*) est incomparablement la plus importante. Son chaume, glabre et cylindrique, atteint une hauteur d'un mètre environ. Ses feuilles sont linéaires, lancéolées, très allongées et rudes au toucher. Son inflorescence consiste en une panicule rameuse, où les épillets sont disposés en grappes sur chaque rameau. Son fruit est un caryopse oblong, comprimé, lisse, étroitement enveloppé par des glumelles persistantes.

Le Riz a besoin, pour prospérer, d'une température élevée pendant trois à quatre mois de l'année. C'est pourquoi il ne réussit pas en Europe au delà du 46° degré de latitude. Il s'accommode, du reste, de tous les terrains, mais à la condition qu'ils soient alternativement inondés et exposés aux rayons d'un soleil ardent. Aussi la présence des *rizières* est-elle une cause grave d'insalubrité. Ce sont de véritables marécages, qui donnent naissance à des miasmes délétères. Les populations voisines sont décimées incessamment par les fièvres qu'engendrent ces émanations, et la santé des animaux eux-mêmes en est altérée. La culture du Riz sur de vastes étendues est sans doute pour beaucoup dans le développement des affections endémiques ou épidémiques : fièvres pernicieuses, fièvre jaune, choléra, qui sévissent dans l'Inde, dans l'Amérique centrale et dans les Antilles, en Italie, etc.

« Dans l'intérêt de la salubrité publique, dit M. Payen, on ne saurait donc encourager la formation des rizières : mieux vaudrait assainir les terres où elles sont établies, en faisant écouler les eaux par un drainage spécial, et en les livrant ensuite à toute autre culture.

Le Riz.

« D'ailleurs le Riz ne mérite pas, il s'en faut bien, tout l'intérêt que son usage à titre de substance alimentaire inspire à beaucoup de personnes. On l'a considéré comme doué d'un pouvoir nutritif remarquable, par ce motif, disait-on, qu'il forme la nourriture à peu près exclusive des populations indiennes et chinoises. Il y a dans cette croyance une double erreur : le Riz est presque toujours associé à d'autres aliments riches en matières grasses et azotées; lorsqu'on l'emploie presque seul, il est si peu nourrissant, que les hommes qui en font usage en consomment un volume énorme... On peut remarquer, en effet, en comparant la composition du Riz avec celle des autres fruits de céréales, que c'est la plus pauvre de ces substances alimentaires, soit en principes azotés, soit en matières grasses, soit en sels minéraux. Sans doute le Riz peut faire partie d'une bonne alimentation, mais à la condition qu'on lui associera les autres aliments riches en principes alibiles qui lui manquent. Sous ces rapports, le Riz se rapproche des tubercules de Pommes de terre, qui ne sont également pourvus en abondance que de la substance amylacée ou féculente. »

Le Maïs (*Zea*) est un genre de la tribu des Phalaridées. Il comprend plusieurs espèces, dont une seule, le Maïs commun (*Zea mays*), est cultivée. Cette espèce est vulgairement appelée Blé de Turquie, Blé d'Espagne, Blé d'Italie. Dans quelques localités de l'Amérique on lui donne le nom de *Quarantaine*, probablement parce que les grains ou fruits qui forment son volumineux épi sont disposés par rangées longitudinales d'environ quarante chacune. On connaît un assez grand nombre de variétés de Maïs commun, groupées en trois sections d'après la couleur des grains: les blanches, les rouges et les jaunes. Ces dernières sont les plus productives, les plus rustiques et les seules que l'on cultive avec avantage dans les climats tempérés. Toutes se reconnaissent aisément à leurs chaumes robustes, à leurs feuilles larges, à leurs fleurs verdâtres, et surtout à leurs grains de la grosseur d'un pois, revêtus d'un épiderme luisant, et réunis symétriquement en épis compacts et sans pédicule. Les variétés que l'on qualifie de naines ne laissent pas de croître jusqu'à 60 et 70 centimètres de hauteur. Les variétés géantes, comme le Maïs de Pensylvanie, dépassent deux mètres.

Le Maïs paraît être originaire du nouveau monde, bien qu'au dire de quelques auteurs il ait été connu dans l'ancien continent avant la découverte de l'Amérique par les Occidentaux. Ce qui est certain, c'est que la culture de cette céréale n'a pris nulle part autant de développement qu'en Amérique, où elle s'étend depuis le 45° degré de latitude nord jusqu'au 41° degré de latitude sud, et entre les tropiques, depuis les rivages de la mer jusqu'à une altitude de 2,800 mètres. Chez nous, elle s'avance beaucoup plus vers le nord, dans l'est que dans l'ouest. Le Maïs ne joue d'ailleurs dans l'alimentation des peuples de l'Europe centrale et même méridionale qu'un rôle secondaire. En France, notamment, il n'est guère cultivé que comme plante fourragère.

Le Maïs.

« La farine de Maïs, dit M. Payen, s'emploie sous forme de potages plus ou moins épais, au bouillon ou au lait. Dans les contrées où cette substance remplace le pain, on en forme une bouillie très épaisse et nourrissante, sans y ajouter autre chose que de l'eau et un peu de sel. On l'emploie aussi très généralement en Italie, où on le désigne sous le nom de *polenta*; ailleurs, comme dans les Landes, la même espèce de bouillie, faite avec le gruau de Maïs, est cuite au four dans des terrines; elle constitue une sorte de pain mou, humide, très sujet à se couvrir de moisissure, et devenant insalubre lorsqu'on le consomme en cet état. »

III

LES LÉGUMES — LE HARICOT — LA LENTILLE — LE POIS — LA FÈVE

Dans le langage ordinaire, on enveloppe sous la dénomination de *légumes* la presque totalité des substances végétales, autres que le pain et les fruits de dessert, que nous mangeons cuites et accommodées de diverses façons. Or ces substances sont de toutes sortes : elles sont empruntées à des familles souvent très différentes, et ce sont tantôt des feuilles, tantôt des racines, tantôt des fruits ou seulement des graines, tantôt des plantes entières. La dénomination de *légumes* ne convient donc réellement qu'à un petit nombre, si toutefois on veut tenir compte du sens bien déterminé que les botanistes attachent à ce terme, en l'appliquant exclusivement aux fruits d'une certaine famille botanique, celle des Légumineuses. Les Anglais, mieux avisés que nous en cela, et plus respectueux à l'endroit du vocabulaire botanique, emploient, pour désigner ce que nous appelons « légumes », un substantif parfaitement approprié : ils disent simplement des végétaux, *vegetables*.

Si nous entreprenions d'étudier un à un tous ces *vegetables*, les trois cents pages dont nous disposons ici n'y suffiraient qu'à peine, et nous serions conduit à passer sous silence beaucoup d'autres plantes non moins utiles et beaucoup plus intéressantes. Nous laisserons donc de côté la tourbe des plantes potagères : Carottes, Navets, Choux, Oignons, Épinards, Chicorée, etc. etc., et nous jetterons seulement un coup d'œil sur deux familles qui sont représentées dans le répertoire culinaire par des espèces d'une importance capitale. Ces deux familles, dignes de prendre rang immédiatement après celle des Graminées, sont celles des LÉGUMINEUSES et des SOLANÉES. Les Légumineuses nous fournissent les seuls aliments qui méritent le nom de légumes, et qui encore ne le méritent pas toujours rigoureusement; car les légumes sont les fruits entiers et complets des Légumineuses, et bien souvent nous n'en mangeons que la graine extraite de son enveloppe. Cette enveloppe ne peut être mieux comparée qu'à une coquille bivalve allongée, où les graines sont rangées les unes à côté des autres, et d'où elles tombent lorsqu'à la maturité les valves s'entr'ouvrent par le déchirement de l'une des sutures. Nos cuisinières appellent *cosse* l'enveloppe dont nous parlons; les botanistes l'appellent *gousse*. A peine est-il besoin maintenant de dire quelles sont les Légumineuses qui méritent le plus notre considération. On a déjà nommé le Haricot, la Lentille, le Pois, la Fève... Mais quoi! ce mot de considération, appliqué au HARICOT, va soulever parmi mes jeunes lecteurs un concert formidable de récriminations et de protestations.

— De la considération pour le Haricot, nous! s'écrieront d'une voix indignée tous ceux qui subissent encore le dur régime du lycée ou de la pension, ou qui viennent seulement d'en être affranchis. — De la considération pour le Haricot! — Pour le Haricot vert, oui, car le Haricot vert, nous le mangeons à la table maternelle, bien assaisonné de beurre frais, de fines herbes et de jus de citron. Passe encore pour le Haricot rouge, dont la saveur rappelle la châtaigne, et dont on n'abuse pas au collège. Mais le Haricot blanc, ce légume insipide, nageant au sein d'un liquide jaunâtre, qui deux fois par semaine, sinon trois fois, est servi sur les tables du réfectoire dans d'immenses plats d'étain, nous n'avons pour lui que du mépris et de la haine!

— Tout beau, chers élèves! je comprends et j'excuse votre antipathie. Je l'ai même partagée autrefois. Cependant il me souvient que, tout en maudissant les Haricots, nous ne laissions pas de les manger. Nous profitions même de la libéralité de l'économe, qui nous autorisait à demander double ration ; nous ne nous en portions pas plus mal pour cela, et je m'assure que vous êtes dans le même cas. Il faut donc reconnaître que les Haricots, — même les blancs, — ont du bon, et qu'ils sont une précieuse ressource pour la nourriture des classes peu aisées, qui est, à peu de chose près, la même que celle des classes de latin : nourriture médiocrement recherchée, mais point du tout malsaine. Un économiste et agronome distingué, M. Victor Borie, proclame le Haricot « la semence qui peut être considérée comme la plus utile après le Blé ».

Le genre Haricot (*Phaseolus*) est le type de la tribu des Phaséolées, qui fait elle-même partie de la famille des Légumineuses papilionacées. Il est originaire des Indes orientales et de l'Amérique ; mais on le cultive aujourd'hui dans toute l'Europe, le plus généralement comme plante alimentaire, quelquefois aussi comme plante d'ornement. Car il réunit l'agréable à l'utile, et certaines espèces, notamment le *Haricot d'Espagne,* portent de magnifiques fleurs rouges ou violettes, en même temps que leurs tiges grimpantes et leurs feuilles pennées garnissent bien un mur ou un treillage.

« Les Haricots les plus recherchés à Paris et dans les provinces voisines, dit M. Borie, viennent des environs de Soissons. Les territoires qui produisent les meilleurs Haricots de Soissons sont ceux de Cirey-Salsogne, Vasseny, Chasseny, Sermaise et Angy. Les Haricots placés en seconde ligne sont ceux de quelques autres contrées du département de l'Oise, ceux de Chartres, et enfin ceux qu'on désigne sous la dénomination de *Haricots du pays,* parce qu'ils proviennent du département de la Seine, du département de Seine-et-Oise et de quelques parties du département de Seine-et-Marne les plus rapprochées de Paris. »

La Lentille (*Ervum lens*) se place, comme aliment populaire et *scolaire,* à côté, mais un peu au-dessus du haricot. Son prix moyen est plus élevé, sa saveur plus aromatique, sa digestion plus facile pour les estomacs paresseux, bien que sa pellicule, un peu coriace, ne soit pas pour tout le monde sans inconvénient. Débarrassée de cette enveloppe et réduite en purée ou en farine, elle devient si aisément assimilable, que les convalescents et les malades peuvent en faire usage, et nous allons voir tout à l'heure quel parti la spéculation a su tirer de cette propriété si précieuse. L'excellente réputation des Lentilles, au surplus, ne date pas d'hier, et leur culture remonte à la plus haute antiquité. Qui ne se souvient du fameux plat de Lentilles en échange duquel Ésaü consentit à céder à Jacob son droit d'aînesse? Qui ne sait qu'une des plus nobles familles de la république romaine portait avec orgueil le nom de Lentulus, et que ce nom rappelait le service signalé que son chef avait rendu à la patrie en y introduisant les Lentilles, de même que le premier Pison et le premier Fabius avaient mérité la reconnaissance de leurs concitoyens en cultivant pour eux le Pois et la Fève?...

Les Lentilles étaient, assure-t-on, le mets favori de la comtesse Dubarry, et M. Payen fait remarquer que, par une coïncidence assez singulière, c'est un homonyme de cette femme trop célèbre qui de nos jours a, par un artifice habile, élevé la Lentille au rang d'aliment de luxe et de panacée universelle. En effet, la « délicieuse, la douce *révalescière* », que nous vantent quotidiennement les réclames et les annonces des journaux, et dont l'inventeur est un M. Du Barry de Londres; cette préparation qui, à en croire ledit sieur Du Barry, rétablit infailliblement les santés les plus compromises et guérit radicalement, sans le secours d'aucune médication, « sans purge ni lavement, » toutes les affections aiguës ou chroniques de l'estomac, des intestins, du foie, de la rate, du cerveau, des nerfs, du sang, etc. etc.; cette merveilleuse substance qui se vend, en jolis paquets soigneusement troussés et illustrés de vignettes, la bagatelle de 7 francs la livre (sauf erreur de

chiffre), n'est autre chose que la farine de Lentilles décortiquées, additionnée de farines de Pois, de Sorgho, de Maïs,
qui ont *moins de valeur,* d'un peu de gruau d'Avoine et d'un
centième de sel marin.

Quand je dis que M. Du Barry a inventé la révalescière, je
me trompe : j'exagère son mérite, assez grand sans cela, puisqu'à défaut de l'idée première, il a eu l'inspiration, la persévé-
rance, le génie, qui font les grands succès et les grandes
fortunes. *Cuique suum.* Avant M. Du Barry, un sieur Warton
avait doté l'humanité souffrante de l'*ervalenta.* Qu'était-ce que
l'*ervalenta?* Son nom le disait; car il n'était qu'une modification transparente du nom botanique de la Lentille, *Ervum
lens.* M. Warton était un naïf : il avait la simplicité d'appeler
presque la farine de Lentilles de la farine de Lentilles.

M. Du Barry fut mieux avisé. Il savait ce que peut le prestige
des mots, la toute-puissance de la poudre jetée aux yeux du
bon public. Il étudia le mot *ervalenta,* et il vit, — ce fut, je le
répète, un éclair de génie, — qu'en changeant seulement de
place la première lettre on faisait, de *ervalenta, revalenta.*
Revalenta! Que de promesses dans ce seul nom! Savez-vous le
latin? Eh bien, analysez: *valere* signifie se bien porter, et *reva-
lere,* revenir à la santé. La *revalenta* était donc la substance
qui rend la santé, qui rétablit les forces! O grand homme! Il y
avait bien, entre la composition de la *revalenta* et celle de
l'*ervalenta,* une petite différence; mais la base était toujours la
farine de Lentilles; le reste, quelques pincées de farine de
Maïs ou de Pois en plus ou en moins, était insignifiant.

Par malheur, la personne qui exploitait l'*ervalenta* vit une
usurpation, non pas, comme on pourrait le croire, dans la
similitude des substances, dont au fond elle ne se souciait
nullement, mais dans la ressemblance des noms, qui était
le point capital. Les tribunaux anglais furent de son avis, et
condamnèrent M. Du Barry à effacer le mot *revalenta* de ses
étiquettes. M. Du Barry se soumit, et ce fut alors qu'il donna
à sa farine de Lentilles le nom de *révalescière* (du latin *reva-*

lescere), qu'elle porte encore, et que, j'ose le dire, elle porte glorieusement.

Les Pois (*Pisum*) sont des plantes herbacées à tiges grêles, flexueuses, le plus souvent grimpantes, à feuilles terminées par une vrille, à fruits allongés. Les botanistes en distinguent deux espèces : le Pois des champs (*Pisum arvense*) et le Pois cultivé (*Pisum sativum*). La seconde espèce se subdivise en variétés à haute tige, à rames, et variétés naines. « On appelle *Pois à écosser, Pois à parchemin,* celui dont la gousse est coriace, et *Pois mange-tout,* celui dont la gousse, plus tendre, est susceptible de se ramollir par la cuisson. Les feuilles et les cosses du Pois cultivé sont utilisées pour la nourriture des animaux. » (J.-H. Magne.) Avec une origine non moins illustre que celle des Lentilles, les Pois n'ont pas eu jusqu'ici une destinée aussi brillante. Ils attendent encore le Warton ou le Du Barry qui découvrira dans leur farine des propriétés hygiéniques et curatives qui la placeront sur le même rang que la révalescière et le racahout des Arabes. En attendant, ils se contentent de l'estime des honnêtes gens, qui saluent chaque année leur retour avec plaisir.

La Fève (*Faba*) appartient à la tribu des Viciées. Ne prenez pas en mauvaise part ce nom, dérivé, non du latin *vitium,* mais, selon les uns, de *vesci,* se nourrir, à cause des qualités nutritives de la graine; selon d'autres, de *vincire,* lier, à cause de la facilité avec laquelle les Viciées s'enlacent et s'enroulent aux plantes voisines. Quoi qu'il en soit, les Fèves sont des plantes à tige simple, haute d'environ cinquante centimètres, à feuilles ailées composées de quatre ou six folioles ovales, à fleurs blanches tachées de noir, réunies à deux ou trois sur un seul pédoncule. Ces taches noires étaient, dans l'antiquité, l'objet d'un préjugé bien excusable chez le vulgaire, puisque le flamine de Jupiter lui-même les considérait comme un signe de mauvais augure, et s'abstenait de manger des Fèves. Les disciples de Pythagore s'en abstenaient aussi, mais pour un motif plus bizarre encore : ils croyaient, dit-on, qu'elles servaient d'asile aux âmes des morts. Toutefois les Perses, les Égyptiens, les Grecs et les Romains faisaient une grande consommation de ce légume, que Pline déclare le premier de tous.

Fève de marais.

Aujourd'hui les Fèves sont un peu délaissées. Elles comptent néanmoins des partisans, même parmi les gourmets. Ceux-ci donnent la préférence à la variété dite *Fève de marais*, dont les semences sont plus grosses et plus savoureuses que celles des autres variétés. La Fève des champs, ou *Fèverole*, n'est cultivée que pour la nourriture des bestiaux.

IV

LA MORELLE TUBÉREUSE (POMME DE TERRE) — LA MORELLE TOMATE
— LA MORELLE AUBERGINE

La famille des Solanées, famille redoutable et mal famée, ne renferme guère que trois ou quatre espèces comestibles, qui toutes appartiennent à la tribu des Morelles. Mais parmi ces

Morelle tubéreuse (Pomme de terre).

espèces il en est une qui, à elle seule, suffirait pour racheter tous les effets des espèces dangereuses, et pour réhabiliter ici la famille entière : je veux parler de la Morelle tubéreuse ou POMME DE TERRE.

La Morelle tubéreuse (*Solanum tuberosum*) est une plante herbacée, dont la tige aérienne atteint une hauteur de quarante à soixante centimètres. Ses feuilles sont ailées, cotonneuses en dessous, d'un vert pâle en dessus. Ses fleurs sont blanches, violettes ou roses, et peuvent passer pour jolies. Ses fruits sont des baies sphériques, verdâtres, assez grosses. Le tubercule féculent qui constitue ce qu'on appelle assez improprement la *pomme de terre*, et qui donne à la plante toute sa valeur, n'est point une racine, comme on le croit vulgairement : c'est un renflement de la tige souterraine, une sorte de loupe, « véritable magasin de nourriture, dit M. Le Maout, d'où naissent autant d'individus nouveaux qu'il y a de petits yeux à sa surface. L'humidité et l'obscurité favorisent la formation de ces excroissances, et c'est pourquoi les cultivateurs ont soin d'entourer de terre le bas de la tige, c'est-à-dire de la *butter* aussi haut que possible, afin de provoquer le développement d'un plus grand nombre de tubercules. »

La Morelle tubéreuse est originaire de l'Amérique méridionale ; elle croît naturellement au Chili et au Pérou, sur les versants des Cordillères, et les habitants de ces contrées la cultivaient, dit-on, bien longtemps avant l'arrivée des Européens. La première importation de cette plante dans nos contrées remonte au commencement du xvi° siècle. Elle fut introduite d'abord en Espagne, puis en Italie. En 1545, John Hawkins la fit connaître en Irlande ; mais elle n'y fut cultivée que vers 1623, après que le favori de la reine Élisabeth, Walter Raleigh, l'eut apportée en Angleterre. En France, les premiers essais de culture eurent lieu vers 1580. « En 1588, dit M. Magne, elle était connue dans l'Artois, et Gaspard Bauhin en conseillait la culture, vers 1592, dans les environs de Lyon. En 1719, il y avait dans les Vosges des redevances, des dîmes sur les pommes de terre. Cette plante ne pénétra en Allemagne qu'au commencement du xviii° siècle ; les populations de cette partie de l'Europe furent surtout des premières à lui rendre la justice qu'on lui refusait ailleurs. » Il est singulier, en effet, de voir combien les précieuses qualités de la pomme de terre ont été difficilement et lentement appréciées. Ce n'est pas que sa culture

présentât des difficultés : l'honnête végétal, en dépit de son origine tropicale, s'accommodait fort bien du climat tempéré, iné-
gal, souvent un peu rude de l'Europe, et il n'exigeait pas des soins
minutieux. Mais il régnait sur son compte, non seulement parmi
les classes élevées, mais parmi le peuple, les préjugés les plus
étranges et les plus tenaces : on l'accusait d'engendrer la lèpre

et les fièvres pernicieuses. Les plus indulgents voyaient dans la
pomme de terre un aliment grossier, indigeste, point nourrissant, bon tout au plus pour des sauvages ou pour des paysans.

L'auteur de l'article *Pomme de terre* dans l'Encyclopédie
(t. XIII, 1765) s'exprime ainsi : « Cette plante, qui nous a été
apportée de Virginie, est cultivée en beaucoup de contrées de
l'Europe et dans plusieurs provinces du royaume, comme en
Lorraine, en Alsace, dans le Lyonnais, le Vivarais, le Dauphiné. Le peuple de ces pays, et surtout les paysans, font leur
nourriture la plus ordinaire de la racine de cette plante pendant une bonne partie de l'année. Ils la font cuire à l'eau, au
four, sous la cendre, etc. On reproche avec raison à la pomme

de terre d'être venteuse; mais qu'est-ce que des vents pour les organes vigoureux des paysans et des manœuvres? » L'auteur de ces lignes, empreintes d'un sentiment si hautain, en était encore à croire que les « paysans et les manœuvres » ont le tube digestif autrement fait que les gens du monde. Mais ces *manants* eux-mêmes ne laissaient pas de redouter aussi la prétendue insalubrité de la pomme de terre, et beaucoup l'abandonnaient aux bestiaux. Il fallut la terrible famine de 1771 et, en France du moins, le génie de Parmentier, pour faire revenir les esprits et les estomacs à des sentiments plus justes, et pour donner enfin la pomme de terre la place qu'elle méritait dans l'industrie agricole et dans l'alimentation publique.

Il n'est pas rare d'entendre des gens, se croyant fort instruits, répéter que Parmentier a découvert, — quelques-uns même disent inventé, — la pomme de terre; et c'est sans doute en vertu de cette notion historique tout à fait fausse qu'on a proposé de changer le nom actuel de cette Solanée en celui de *Parmentière*. Or on vient de voir que la pomme de terre était découverte et naturalisée en Europe depuis un couple de siècles lorsque Parmentier s'en institua le protecteur, et entreprit de la faire admettre sur toutes les tables du royaume de France. Ceci, bien entendu, ne diminue en rien le mérite de notre illustre compatriote; bien au contraire. Tout voyageur qui visite un pays lointain peut en rapporter une plante utile; mais il n'est donné qu'à un esprit d'élite, à une âme profondément pénétrée de l'amour du bien public, de mener à bonne fin une entreprise aussi difficile et aussi féconde que celle qui a immortalisé le nom du savant agronome de Montdidier.

Ce fut à la suite de la grande famine de 1771 que, l'académie de Besançon ayant proposé pour sujet de concours « la recherche des substances qui pourraient atténuer les calamités d'une disette », Parmentier se mit à étudier attentivement la pomme de terre, et acquit la conviction qu'aucune plante n'était plus propre à devenir le succédané du pain. Il publia, en 1779, son *Examen chimique* de cette plante. Il établissait dans cet écrit : premièrement qu'elle renfermait tous les principes d'un aliment salutaire et substantiel; deuxièmement que sa culture permettrait d'utiliser les terres les plus arides. Son argumentation ne fut point réfutée; mais elle ne produisit aucun effet. Parmentier se dit alors que la logique des faits serait sans doute plus puissante que les meilleurs raisonnements. Il parvint à intéresser le roi Louis XVI à la cause dont il s'était fait le champion, et obtint la concession d'un vaste terrain situé dans les plaines des Sablons, vrai désert de sable, qui s'était montré jusqu'alors rebelle à toute culture. Il y planta des pommes de terre, qui y vinrent à merveille, et il s'empressa de porter au roi un bouquet des premières fleurs qu'elles donnèrent. Le roi se montra dans une fête tenant à la main ce bouquet. Il n'en fallut pas davantage, on le pense bien, pour mettre ces fleurs à la mode parmi la noblesse et tout ce qui, de loin ou de près, tenait à la cour. On se mit à cultiver dans les parcs et dans les jardins la pomme de terre comme plante d'ornement; mais on continua de n'en point manger. Parmentier avait obtenu un succès tout autre que celui qu'il ambitionnait. Il ne se tint point pour battu : il fit distribuer gratuitement aux cultivateurs les tubercules et les graines de sa tubéreuse. Les cultivateurs en conclurent que cette denrée n'avait aucune valeur. Ils laissèrent perdre les graines, et donnèrent les pommes de terre à leurs cochons. Ce nouvel échec, loin de décourager Parmentier, fut pour lui un trait de lumière. L'année suivante, à l'époque de la récolte, il fit annoncer à son de trompe que les produits de son champ ne seraient vendus que pendant un temps très court et à des prix très élevés; qu'une surveillance très active serait exercée autour de ses cultures, et que quiconque tenterait d'y dérober un seul pied, une seule graine du précieux végétal, serait saisi et puni rigoureusement.

En effet, des gardes champêtres, des gendarmes furent placés en sentinelles dans la plaine des Sablons, mais avec l'ordre secret de s'éclipser le soir et de laisser, comme par négligence, le champ libre aux déprédateurs. Ce que Parmentier avait prévu ne manqua pas de se réaliser : en quelques nuits le champ fut entièrement dévasté. La pomme de terre avait acquis tout à coup une délicieuse saveur, celle du fruit défendu : elle était devenue un régal des dieux. Une fois qu'on se fut décidé à manger ce tubercule, on ne put moins faire que de le trouver réellement fort bon, et l'on s'aperçut qu'il ne donnait ni la lèpre ni la fièvre ; qu'il n'avait pas même le petit inconvénient signalé par l'encyclopédiste que j'ai cité plus haut. Dès lors sa cause était gagnée, sa popularité était fondée sur des bases inébranlables, et sa culture se développa rapidement. « En France, dit M. Victor Borie, cette culture occupait, vers 1815, 558,965 hectares ; aujourd'hui le nombre d'hectares affectés à ce produit atteint 1 million à peu près. Les contrées où elle a acquis le plus d'importance sont l'Alsace, la Lorraine, l'Anjou, le Périgord et certaines parties de la Bretagne, du Maine, de l'Auvergne et du Vivarais. » En Allemagne, et surtout en Angleterre, elle est encore plus répandue ; on sait enfin qu'elle fournit presque seule à la nourriture des populations de l'Irlande.

Malheureusement ce tubercule, dont Parmentier disait avec raison « qu'aucun n'est plus digne de nos soins et de nos hommages », est sujet, depuis une vingtaine d'années, à une affection désastreuse qu'on désigne communément sous le nom de *maladie des pommes de terre,* et qui a subitement envahi toute l'Europe, où elle semble s'être définitivement implantée sans qu'on ait pu jusqu'ici trouver aucun moyen d'en arrêter les ravages. Sur l'origine de cette maladie, on est à peu près réduit aux hypothèses et aux conjectures. Il paraît cependant établi qu'elle est favorisée par la trop grande extension des cultures, par l'humidité du sol, et probablement aussi par la douceur de la température. Quant à sa cause immédiate, elle réside dans le développement d'un cryptogame parasite qui attaque toute la plante.

« Lorsque les plantes sont affectées de cette maladie, dit

M. J.-H. Magne, elles deviennent brunes par plaques, d'abord
sur les parties herbacées, et ensuite sur les tubercules. La
fécule n'est pas d'abord altérée, et les tubercules malades
peuvent être utilisés pour la préparation de ce produit, et
même pour la nourriture, soit de l'homme, soit des animaux.
On avait dit qu'ils étaient malfaisants. De nombreux essais
nous ont prouvé qu'ils peuvent être consommés impunément,
au moins par les porcs, même quand on les donne crus.

Paysans volant des pommes de terre dans la plaine des Sablons.

« Mais les tubercules malades se décomposent rapidement;
l'affection s'étend du parenchyme à la fécule, et la rend im-
propre à tout usage. »

D'après le même auteur, de tous les moyens proposés pour
combattre, ou du moins pour atténuer le mal, le seul qui ait
donné de bons résultats consiste à bien travailler la terre pour
la rendre perméable à l'eau, à la faire bien égoutter, et surtout
à planter les tubercules aussitôt qu'on ne craint plus les fortes
gelées; enfin à butter les plantes pour mettre les tubercules à
l'abri du contact de l'air.

La pomme de terre n'est pas seulement une plante alimentaire, c'est aussi une véritable plante industrielle. En effet, sur

les 100 millions environ d'hectolitres que produit la France
bon an, mal an, un dixième est employé à la reproduction;
82 millions d'hectolitres sont consommés directement, soit
par les hommes, soit par les animaux; le reste est livré aux
féculeries et aux distilleries, qui en extraient la fécule; et
cette fécule elle-même, en dehors de ses applications immé-
diates, se prête à des métamorphoses chimiques qui la trans-
forment en glucose, ou sucre de fécule, en dextrine, en alcool.
La fabrication de ces divers produits, surtout du sirop et de
l'alcool de fécule (appelé aussi *esprit de pomme de terre*), est la
base d'une industrie et d'un commerce considérables.

Si la pomme de terre est de beaucoup la plus importante
des espèces alimentaires que renferme la famille des Solanées,
elle ne doit pourtant pas nous faire oublier tout à fait ses
deux estimables congénères : la Morelle tomate et la Morelle
aubergine.

La TOMATE (*Solanum lycopersicum*), quelquefois appelée
Pomme d'amour, porte un joli fruit rouge, très connu de toutes
les cuisinières, qui en font une sauce fort agréable à l'œil et
au goût. Cette plante, originaire d'Amérique, est maintenant
très répandue dans les jardins potagers.

La MORELLE AUBERGINE OU MÉLONGÈNE (*Sol. melongena*) est également une plante potagère qui croît bien dans les parties
chaudes et tempérés de l'Europe. Sa tige est herbacée, mais
ferme et cotonneuse et un peu rameuse. Ses feuilles, ovales,
sont également cotonneuses; ses fleurs sont tantôt blanches,
tantôt bleues, tantôt rouges. Son fruit est une grosse baie
pendante, ovoïde ou piriforme, lisse et d'un violet foncé à
l'extérieur, contenant une chair blanche et de petites graines
en très grand nombre. C'est ce fruit que les marchands de
légumes et les ménagères connaissent sous le nom d'*aubergine*.
On le mange cuit et diversement accommodé. Sa saveur est
aromatique et un peu piquante.

V

LE CHATAIGNIER — LE NOYER — LE NOISETIER — L'AMANDIER

Les plantes que nous venons d'étudier, et qui contribuent pour la plus grande part à la nourriture des populations de l'Europe, appartiennent, on a pu le remarquer, aux plus humbles familles du règne végétal. Ce sont toutes des plantes frêles et de petite taille. Le nombre des végétaux de grande taille qui nous fournissent des produits comestibles est, au contraire, très restreint. Toutefois, parmi les beaux arbres de la zone tempérée, il en est un dont les fruits tiennent une place importante dans l'alimentation des habitants de certains pays : c'est le CHATAIGNIER (*Castanea*, fam. des Cupulifères). Cet arbre peut atteindre en hauteur, et surtout en grosseur, des dimensions énormes. On en cite plusieurs exemples, dont le plus célèbre est le fameux Châtaignier de l'Etna, dont Houel a écrit l'histoire détaillée, et que plusieurs auteurs ont mentionné après lui. Cet arbre mesure, d'après Houel, cent soixante pieds de circonférence. On l'appelle dans le pays l'*arbre des cent cavaliers,* parce qu'un jour, selon la tradition, la princesse Jeanne d'Aragon, surprise par un orage, aurait trouvé, avec toute sa suite, un abri sous son feuillage.

On connaît une douzaine d'espèces du genre *Castanea.* Ces espèces sont toutes propres aux régions tempérées de l'Europe, de l'Asie, de l'Amérique et de l'Océanie; on n'en rencontre point en Afrique. Une seule appartient à l'Europe; mais elle y est abondante et rend de grands services. C'est le Châtaignier commun (*Castane vesca*), très répandu en France, surtout

dans les départements montagneux du Midi, et notamment
dans la chaîne des Cévennes, où il est l'objet d'une culture
étendue et très soignée. Il abonde aussi en Savoie, en Piémont, en Lombardie et en Espagne. Son fruit se développe en
automne; on le récolte au mois d'octobre ou de novembre.
C'est une sorte de capsule formée d'un involucre dur et coriace,
que les botanistes considèrent comme une cupule accrue. Le
vulgaire l'appelle *hérisson,* à cause des nombreux piquants dont
il est armé. Il contient presque toujours deux, trois ou quatre
graines de la grosseur, de la forme et de l'aspect que tout le
monde connaît. C'est à ces graines ou nucules qu'on applique
partout le nom de châtaignes. Leur chair est formée d'une
grande quantité de fécule unie à une substance sucrée et à
une faible proportion de gluten. On ne peut la manger crue;
mais, bouillie ou rôtie, elle est d'une saveur agréable, et
constitue un aliment assez nutritif, bien qu'un peu indigeste
pour les estomacs faibles. Dans quelques-uns de nos départements du Limousin, de l'Auvergne et du Périgord, en Savoie,
en Corse et en Piémont, les châtaignes entrent pour une large
part dans l'alimentation des paysans, des ouvriers des villes,
et surtout des habitants des montagnes. En temps de disette
on a essayé de les réduire en farine et d'en faire du pain;
mais, à raison du peu de gluten qu'elles renferment, les châtaignes se montrent impropres à ce genre de préparation; elles
donnent un pain friable, qui lève et cuit mal, et qui est par
conséquent indigeste.

On sait qu'il se fait à Paris une consommation énorme de
châtaignes pendant tout l'hiver, et que l'industrie des marchand de marrons ne laisse pas d'être passablement lucrative.
Les *marrons* comestibles ne sont, en effet, qu'une variété de
châtaignes qui se distinguent des châtaignes proprement dites
par leur volume plus gros, par leur forme plus arrondie, par la
moindre étendue de leur ombilic et par leur saveur agréable.
Les marrons se mangent ordinairement rôtis, tandis qu'on fait,
le plus souvent, bouillir les châtaignes. Le commerce distingue,

d'ailleurs, les châtaignes en plusieurs sortes ou qualités. A Paris, les grosses châtaignes sont connues sous le nom de *marrons de Lyon*, parce que cette ville est le principal entrepôt d'où on les reçoit. Elles y viennent un peu de tout le Midi, mais particulièrement des montagnes du Vivarais, du Forez et du Dauphiné. Les châtaignes de Périgueux sont peut-être les

Le Châtaignier.

plus délicates que produise la France; elles sont de moyenne grosseur. Celles de Limoges sont bonnes au goût et se conservent longtemps. Celles d'Aubray et d'Agen sont aussi très estimées. On connaît encore à Paris : la *châtaigne des bois*, qui est petite et d'assez médiocre qualité; la *châtaigne ordinaire*, un peu supérieure à la précédente; la *châtaigne commune* à gros fruit, la même qu'on désigne dans le Midi sous le nom de *portalonne*, etc. Parmi les châtaignes étrangères, les plus renommées sont celles de l'ancien royaume de Léon.

La récolte des châtaignes se fait quelquefois par le gaulage avant leur complète maturité. En ce cas il faut les manger tout de suite, parce qu'elles ne se conserveraient pas. Le plus souvent on attend que le *hérisson* tombe spontanément de l'arbre. La châtaigne alors est mûre et moins sujette à se gâter. Mais le meilleur moyen de la conserver longtemps est de la faire sécher à l'étuve. Cette opération se pratique en grand dans les Cévennes. Lorsque les châtaignes sont sèches, on les met dans des sacs pour les expédier.

Trois autres arbres de nos climats, dont les semences ne jouent en général dans l'alimentation qu'un rôle accessoire, méritent cependant d'être mentionnés. Ce sont le Noyer, le Noisetier et l'Amandier. Tous trois, il est vrai, pourraient, à plus juste titre peut-être, trouver place dans notre groupe des *Plantes industrielles;* la première surtout appartient incontestablement à cette catégorie, à raison de l'emploi journalier que l'on fait de son bois dans l'ébénisterie, et nous aurons, en effet, à le considérer plus loin sous ce rapport. C'est moins d'ailleurs comme fruits comestibles que comme fruits oléagineux que les noix, les noisettes et les amandes nous sont réellement utiles. Nous les voyons souvent figurer sur nos tables, et nous les croquons avec plaisir à la fin du repas; mais elles ne peuvent remplacer pour nous ni les graines de Céréales, ni les pommes de terre, ni même les châtaignes, et il fallait qu'en 1597 les malheureux habitants d'Amiens fussent terriblement affamés pour rendre leur ville aux Espagnols en échange de quelques sacs de noix. Quoi qu'il en soit, nous pouvons, en ayant égard à la popularité dont elles jouissent, consacrer tout de suite quelques lignes à ces semences d'agréable saveur et aux arbres qui les produisent.

Le Noyer (*Juglans regia,* fam. des Juglandées) est un grand et bel arbre originaire de la Perse, mais bien connu en Europe, où il croît de préférence dans les terrains humides. Son fruit est une sorte de drupe enfermée dans le calice et dans l'invo-

lucre, qui sont intimement soudés. Il se compose d'un sarco-
carpe fibreux, indéhiscent et peu charnu, — c'est le *brou*, —
et d'un endocarpe ligneux, on peut même dire osseux. C'est cet
endocarpe qui, avec la semence qu'il renferme, constitue la
noix commune.

On distingue dans le commerce une demi-douzaine de variétés de noix correspondant à celles de l'arbre qui les produit.
Celle du *Noyer à très gros fruit*, dite *noix de jauge*, a quelquefois
5 à 6 centimètres de diamètre; mais l'amande ne remplit pas
toute la capacité de la coque, et très souvent même avorte tout
à fait. Aussi cette variété est-elle recherchée beaucoup moins
pour son amande que pour sa coque, qu'on monte en petits
coffrets ou écrins, et dont on fait quelques autres objets de
bimbeloterie et de tabletterie.

La noix du *Noyer à gros fruit long* est celle qu'on cultive le
plus et qu'on préfère comme noix comestible dans les lieux où
elle est connue. Elle est toujours bien pleine. La *noix à coque
tendre,* appelée aussi *noix de mésange,* est caractérisée par une
coque si peu résistante, qu'on l'écrase facilement entre les
doigts, et que la mésange la perce avec son bec pour en manger
l'amande. La *noix anguleuse* est, au contraire, si dure, qu'on
ne peut la briser qu'avec un marteau; son amande est petite,
mais elle contient une forte proportion d'huile qui est de très
bonne qualité. La *noix de Saint-Jean* se mange surtout en cerneaux. Enfin les *noix en grappes* sont remarquables par leur
réunion en paquets de quinze à vingt. Elles n'offrent d'ailleurs
rien de particulier sous le rapport de la qualité.

Les noix se mangent : 1° à l'état de *cerneaux,* c'est-à-dire
non encore mûres, au mois d'août; 2° mûres, mais fraîches, au
mois de septembre et d'octobre; 3° sèches, pendant l'hiver.
Les noix encore fraîches fournissent une huile comestible qu'on
trouve excellente dans quelques contrées, mais qui conserve
toujours une saveur peu agréable pour les personnes qui n'y
sont pas habituées. Cette huile, extraite à froid des amandes
mondées de leurs pellicules, est dite *huile vierge. L'huile tirée*

à feu, c'est-à-dire exprimée à chaud, est verdâtre, caustique et siccative. Les tourteaux qu'on obtient comme résidu servent à la nourriture des bestiaux.

Le Noisetier ou *Coudrier (Corylus)* est le genre type de la famille des Corylacées. Ce genre comprend plusieurs espèces et variétés, dont la plupart ont été modifiées par la culture, mais dont les types primitifs se retrouvent en Europe, en Asie et même en Amérique. On sait qu'en beaucoup de pays on attribue à la baguette de Coudrier des vertus merveilleuses, et particulièrement la propriété de s'incliner spontanément vers le lieu où se trouve cachée une source. La recherche des eaux souterraines à l'aide de ce talisman, dont la vertu était secondée par des formules d'incantations magiques, était autrefois une industrie spéciale entre les mains d'hallucinés ou de charlatans, qu'on appelait *sourciers* ou *sorciers,* nom dont l'acception s'est ensuite étendue, et qui sert à désigner tous les individus adonnés à la prétendue science des choses surnaturelles.

Mais le Coudrier n'est réellement utile que par ses fruits, dont on consomme en Europe de très grandes quantités, soit comme fruits de dessert, soit pour l'extraction d'une huile analogue à celle d'amandes douces. La variété de Noisetier la plus connue est le Noisetier avelinier *(Corylus avellana),* grand arbrisseau commun dans les bois de toute l'Europe. Ses fruits sont ovoïdes, parfois anguleux, comprimés latéralement et recouverts à leur extrémité supérieure d'un léger duvet blanchâtre. La coque elle-même est d'une nuance jaunâtre bien connue, et l'amande est enveloppée d'une pellicule ligneuse d'une teinte analogue, mais tirant davantage sur le rouge. La grosseur des noisettes est variable. Les plus belles et les plus pleines se vendent sous le nom d'*avelines.* On trouve dans le commerce les avelines de la Cadière (près de Toulon), celles de Toulouse et celles du Piémont. On extrait des noisettes une huile douce, mais qui rancit promptement. Cette huile est employée dans la parfumerie.

Le genre AMANDIER (*Amygdalus*) est le type de la famille des Amygdalées. Il se compose d'arbres et d'arbrisseaux propres aux régions de l'Europe, de l'Asie, de l'Afrique, dont la température n'est ni froide ni trop chaude. Les Amandiers partagent avec quelques autres arbres le privilège de se couvrir de fleurs dès le début du printemps, avant que leurs feuilles se soient développées. Ces fleurs parfument de leur douce senteur les premiers beaux jours de l'année, puis bientôt jonchent le sol de leurs pétales d'un blanc rosé. Elles sont, selon l'heureuse expression d'un poète, la « neige odorante du printemps ». Les fruits qui leur succèdent sont des drupes charnus, à enveloppe mince et velue, à noyau oblong, comprimé, plus ou moins épais, dur et rugueux, renfermant une amande à saveur tantôt douce, tantôt amère.

On compte sept espèces du genre *Amygdalus,* toutes originaires de la haute Asie, de la Syrie et de la Barbarie, et dont deux sont pour nous de précieuses acquisitions : l'*Amandier - Pêcher* et l'*Amandier commun* ou Amandier proprement dit. Nous ne dirons rien de l'Amandier-Pêcher, malgré l'excellence de ses fruits : il est tant d'autres arbres fruitiers dignes d'intérêt, et dont l'histoire ne peut trouver place dans ce volume! Quant à l'Amandier proprement dit, c'est un arbre qui atteint de cinq à dix mètres de hauteur. On en cultive plusieurs variétés, qui produisent les diverses sortes d'amandes admises dans le commerce : celles de l'*Amandier à petit fruit* et celles de l'*Amandier à gros fruit*; l'amande *à coque tendre*, l'amande *sultane*, l'amande *pistache,* — toutes ces variétés sont des amandes douces; — enfin les amandes amères, qui possèdent des propriétés toutes spéciales.

L'huile d'amandes douces, qui serait mieux appelée huile douce d'amandes, s'extrait soit des amandes douces broyées avec leur épiderme, soit des amandes amères mondées de leur épiderme. Mais l'huile la plus estimée est celle qui est préparée avec les amandes de Majorque. L'huile d'amandes douces est très fluide et d'une teinte légèrement ambrée; elle se dissout en totalité dans l'éther, mais en faible proportion dans l'alcool. Elle ne se congèle qu'à une température très basse : douze degrés au-dessous de zéro. A l'état frais, elle est presque sans odeur ni saveur; mais elle est très sujette à rancir. On l'emploie fréquemment en parfumerie. Elle entre aussi dans plusieurs préparations pharmaceutiques, et même on l'administre quelquefois seule, soit à l'extérieur, soit à l'intérieur. Elle se fabrique principalement en Espagne, en Italie et dans le midi de la France.

Les amandes amères doivent leur saveur et leur odeur spéciales à l'acide cyanhydrique et à une huile essentielle qui leur communiquent aussi des propriétés médicamenteuses et même vénéneuses assez énergiques. On les administre quelquefois, dans certaines maladies, soit en nature, soit sous forme de looch ou d'émulsion. Selon Dioscoride, cinq ou six amandes amères suffisent pour dissiper l'ivresse. Orfila a tué un chien en lui faisant avaler vingt de ces amandes. Il est important de noter toutefois que l'acide cyanhydrique et l'huile essentielle dont nous avons parlé n'existent pas tout formés dans les amandes amères, puisque l'huile douce qu'on en extrait ne contient pas trace de ces substances, et que si l'on traite ensuite leur marc par l'alcool pur ou par l'éther, on n'en obtient pas non plus. La présence de l'eau est indispensable pour que l'acide cyanhydrique (ou prussique) et l'huile essentielle se développent. Aussi prépare-t-on ces produits en distillant le marc ou tourteau d'amandes amères après l'avoir mouillé. L'huile essentielle et l'eau distillée d'amandes amères entrent dans plusieurs préparations de pharmacie et de parfumerie. L'une et l'autre ne doivent être employées en médecine qu'avec une extrême prudence. Metzdorf cite l'exemple d'un hypocondriaque qui, ayant avalé huit grammes d'essence, succomba en une demi-heure, et ce fait ne paraîtra point surprenant, si l'on se rappelle que l'acide cyanhydrique est un des plus violents, le plus violent peut-être de tous les poisons connus. Que le lecteur nous permette de le renvoyer, pour renseignements plus amples sur ce sujet, à notre livre des *Poisons*.

VI

L'OLIVIER — LES HUILES D'OLIVE — L'HUILE D'ŒILLETTE

Bien plus que l'Amandier, l'Olivier a droit à notre estime. Aucune de ses parties ne contient de substance vénéneuse. L'âcreté native de ses fruits se corrige aisément, et ne se communique point à l'huile, si universellement et si justement estimée, qu'on en extrait en quantités immenses. Cette huile d'ailleurs, alors même que sa qualité inférieure ne permet pas de l'employer comme huile comestible, ne laisse pas de rendre encore un service plus précieux : elle sert à nous éclairer.

Les Oliviers forment le genre type de la famille des Oléacées. Ce sont des arbrisseaux ou des arbres de moyenne grandeur, qui croissent dans les pays chauds voisins de la mer. Ils sont essentiellement propres au bassin de la Méditerranée, qu'on a nommé pour ce motif la « région des Oliviers ». Leur culture ne peut s'étendre vers le nord au delà du 45° degré de latitude. Ils ne supportent pas une température inférieure à — 4 ou — 5 degrés. Néanmoins, comme compensation à cette extrême sensibilité, ils possèdent dans leurs racines une puissance de vitalité qui souvent conserve celles-ci alors que leur tronc a péri, et leur permet, lorsqu'on prend soin de l'abattre, de régénérer un nouvel arbre en quelques années. Il est remarquable aussi que l'air de la mer est indispensable à la prospérité des Oliviers, et qu'ils ne peuvent croître à une certaine distance de la côte. Ils se plaisent surtout dans les terrains maigres, pierreux, exposés en plein soleil, principalement sur les versants des coteaux. Dans les terrains gras et fertiles des plaines et des vallées ils ont une végétation de très belle apparence; mais leurs fruits ne sont pas, à beaucoup près, d'aussi bonne qualité, ni aussi riches en principe oléagineux.

L'Olivier est un des arbres dont la culture remonte à la plus haute antiquité. Les anciens le considéraient comme un des dons les plus précieux que les mortels eussent reçus de la Divinité, et les poètes de la Grèce ont fait honneur de ce présent à la déesse bienfaisante et civilisatrice par excellence, à Minerve. La Mythologie raconte que Neptune, disputant à Minerve (Ἀθήνη) l'honneur de donner son nom à la ville d'Athènes, frappa la terre de son trident, et en fit sortir un cheval fougueux, le crin hérissé, la bouche écumante, bondissant au son des trompettes guerrières. Mais, dit Demoustier,

> Plus modeste dans ses bienfaits,
> Minerve, préférant le bonheur à la gloire,
> Fit naître l'Olivier, symbole de la paix,
> Et Minerve obtint la victoire.

Dans la rivière de Gènes, qui abonde en vieux Oliviers, il y en a dont l'air de vétusté est tel, qu'on se forme difficilement une idée du nombre de siècles qui a dû s'écouler depuis leur naissance. Ces arbres sont peut-être contemporains des premiers colons qui vinrent peupler cette partie de l'Italie, 700 à 800 ans avant notre ère.

Le bois de l'Olivier est compact, pesant, d'un grain fin et serré, très susceptible de poli. On en fait des ouvrages de tour et de marqueterie, des meubles, des objets sculptés, etc. Le succès de la culture des Oliviers dans notre colonie algérienne a donné à l'emploi de leur bois pour l'ébénisterie une étendue et une faveur que les beaux produits exposés à Paris en 1855 n'ont pas peu contribué à accroître.

Les Oliviers abondent surtout dans la province d'Oran. Ils

croissent bien aussi dans l'ancienne Provence et dans tous nos départements du Midi, où l'on rapporte l'origine de leur culture à l'époque de la fondation de Marseille par les Phocéens.

Le fruit de l'Olivier, l'olive, est un drupe à noyau dur et osseux, ou chartacé et fragile, uniloculaire et monosperme par avortement. Les olives varient de forme, de grosseur et de couleur, selon l'espèce ou la variété à laquelle elles appartiennent, et suivant le pays où elles croissent; mais leur noyau est toujours volumineux par rapport à la grosseur du fruit, qui ne dépasse guère celle d'un œuf de pigeon.

Toutes les olives qui se consomment en Europe sont produites par les espèces ou variétés de l'*Olea Europæa*. Ce sous-genre, de beaucoup le plus nombreux des trois qui composent l'ensemble du genre *Olea*, est originaire de l'Atlas, de la Syrie, de l'Arabie et de la Perse, où il croît spontanément. Il paraît avoir été transporté primitivement de l'Asie en Grèce à l'époque de la fondation d'Athènes. De la Grèce il passa en Italie, puis dans l'Espagne et dans le midi de la Gaule, et il s'est depuis propagé et multiplié dans toute l'Europe méridionale.

Les Oliviers d'Europe se divisent en deux grandes espèces : l'espèce sauvage et l'espèce cultivée.

L'Olivier sauvage est épineux et buissonnant. Ses fruits sont petits, mais donnent une huile très fine; ils se trouvent rarement dans le commerce, qui s'alimente surtout des fruits récoltés sur les nombreuses variétés de l'Olivier cultivé.

A l'exception d'une ou deux sortes très rares, les olives ont naturellement une saveur âcre et amère, dont il faut les débarrasser pour les rendre comestibles. Lorsqu'elles sont destinées à la table, on les cueille ordinairement vertes; on les soumet pendant deux à trois heures à l'action d'une forte lessive; après quoi on les laisse plusieurs jours dans de l'eau douce, qu'on renouvelle fréquemment; il ne reste plus ensuite qu'à les saler légèrement pour les conserver. Dans le Midi, on mange également les olives déjà mûres et presque noires. Il suffit alors, pour les rendre douces, de les laisser quelque temps dans l'eau, après les avoir piquées ou entaillées pour permettre au liquide de pénétrer toute la chair du fruit.

Les olives de Vérone jouissaient autrefois d'une grande réputation; mais il en arrive aujourd'hui très peu en France. Outre nos départements du Midi, dont la production est considérable, ce sont principalement l'Algérie, l'Espagne et l'Italie qui fournissent des olives à notre commerce et à nos huileries.

Pour extraire l'huile des olives, on les récolte mûres, et on les réduit en pâte au moyen d'un moulin qui consiste en une seule meule verticale. La pâte ainsi obtenue est mise dans des *cabas,* et portée sous un pressoir. L'huile qu'on recueille d'abord est dite huile *vierge, fine* ou *comestible.* Comme, après cette première opération, le moût contient encore une assez forte proportion de matière oléagineuse, on enlève les cabas, on les ouvre, on verse dans chacun une certaine quantité d'eau bouillante, et on les remet en presse. Cette seconde pression n'a pas encore épuisé les tourteaux; on les traite de nouveau dans des ateliers appelés *recences* ou *ressences.* Là on les broie sous la meule en les arrosant d'eau chaude; puis on jette ce marc ou *grignon* dans un bassin traversé par un courant d'eau bouillante, qui entraîne toute l'huile restant encore dans le résidu.

Les huiles d'olive se distinguent dans le commerce en *huiles fines* ou *comestibles, huiles lampantes, huiles tournantes, huiles à fabrique, sottochiari, ressences* et *raffinées.*

Les huiles fines les plus estimées sont celles de Provence, et surtout des environs d'Aix, celles de la rivière de Gênes, puis celles de Toscane et de la province de Bari, dans l'ancien royaume de Naples.

Les huiles à fabrique sont des huiles de qualité inférieure, non clarifiées, impropres aux usages de la table, et qu'on n'emploie que dans la fabrication des savons. Les huiles lampantes sont aussi des huiles non comestibles; mais elles sont limpides et propres à l'éclairage. Elles sont dites *tournantes* lorsqu'elles se dissolvent complètement dans la lessive de po-

tasse et de soude. On s'en sert alors pour le lavage des laines
à tisser et pour les impressions sur étoffes.

Les huiles *sottochiari*, c'est-à-dire sous-claires, sont celles
dont on a séparé la partie lampante et les gros fonds. En

L'Olivier.

d'autres termes, c'est la partie moyenne entre l'huile bien
clarifiée et les résidus qui forment la lie. On les associe aux
huiles de graines dans la fabrication des savons.

Les huiles *ressences*, ou de *recence*, proviennent du traitement
que l'on fait subir, comme il a été dit plus haut, au résidu des
deux premières pressions. Ces huiles ont une couleur verte et
une odeur très marquée. Elles sont pâteuses, et se congèlent

au moindre froid. On ne s'en sert que pour la fabrication des savons. Il en est de même des huiles *raffinées*. Celles-ci s'obtiennent par l'épuration au four des lies ou *fonds* d'huiles lampantes. On jette ces fonds dans des jarres en terre réfractaire qu'on introduit dans un four vivement chauffé. On ferme le four hermétiquement, et on laisse reposer pendant vingt-quatre heures. On décante ensuite la couche d'huile qui s'est séparée des impuretés. Cette huile est grisâtre, pâteuse et siccative. Son odeur est analogue à celle des huiles de recence.

Il est assez bizarre de voir figurer à côté de l'Olivier, parmi les végétaux qui nous donnent de l'huile comestible, la même plante d'où l'on tire l'opium : le Pavot (*Papaver somniferum*). C'est, en effet, des graines du Pavot que l'on extrait l'huile connue dans le commerce sous le nom d'*huile d'œillette,* et qui égale presque en qualité les bonnes huiles d'olive. On la mêle ordinairement avec ces dernières, et beaucoup de consommateurs préfèrent ce mélange à l'huile d'olive pure.

On distingue deux qualités d'huile d'œillette : l'huile comestible, qu'on appelle *huile blanche,* et l'huile à fabrique, ou *huile rousse.* L'huile comestible est le produit d'une graine de choix et d'une première pression; l'huile à fabrique est le résultat d'une seconde pression, ou bien elle provient de graines de second choix. L'huile d'œillette est siccative; on la fait souvent entrer dans la composition des savons durs.

VII

LA VIGNE — LE POIRIER ET LE POMMIER

Tous les êtres vivants ont besoin, pour vivre, d'absorber, soit d'une manière continue, soit à des intervalles plus ou moins rapprochés, une certaine quantité d'eau. Les plantes boivent sans cesse. La plupart des animaux boivent souvent, et ceux-là même, en si petit nombre, qui ne boivent point, ne laissent pas cependant d'ingérer, sous forme d'aliments humides, la quantité d'eau qui leur est nécessaire[1]. Donc, en somme, de façon ou d'autre, tous les animaux boivent. Mais ils ne boivent que de l'eau, et aussi ne boivent-ils que lorsqu'ils ont soif. Il n'en est pas ainsi de l'homme. Est-ce progrès? est-ce, au contraire, corruption? je le laisse à décider aux moralistes, tout en me permettant d'émettre l'opinion que c'est à la fois l'un et l'autre. Quoi qu'il en soit, l'homme boit sans soif, — il y a un siècle que Beaumarchais en a fait la remarque, — et il boit sans soif parce qu'il ne boit pas que de l'eau; parce qu'il sait préparer, avec les sucs de diverses plantes, des boissons qui flattent son goût, qui éveillent l'appétit, favorisent la digestion, qui exercent enfin sur l'organisme une action stimulante plus ou moins marquée. On a souvent répété que l'usage de ces boissons artificielles était indispensable à la santé. Qu'il

---

[1] Plusieurs rongeurs sont dans ce cas; beaucoup peuvent se passer de boire; il en est même qui ne peuvent boire impunément; mais tous ont besoin de manger, au moins de temps en temps, des substances imprégnées d'humidité. J'ai eu chez moi, pendant trois ans, deux gros rats de Pharaon (*Echimys*) qui, pendant tout ce temps, n'ont pas bu une seule fois. J'avais soin seulement de leur donner tous les jours des carottes ou des feuilles de salade, qui fournissaient à leur organisme autant d'eau qu'il lui en fallait.

le devienne par l'effet de l'habitude et les conditions hygiéniques factices que nous crée la civilisation, cela est possible; mais l'homme normal, celui qui veut régler son régime conformément aux lois de la nature, n'a besoin réellement de boire que de l'eau. Je connais même des personnes très civilisées, habitant Paris, et se conformant d'ailleurs à toutes les exigences de la vie parisienne, qui ne boivent jamais ni vin, ni bière, ni liqueurs d'aucune espèce. Si les boissons fermentées ou aromatiques sont nécessaires à la plupart d'entre nous, c'est comme correctif des actions débilitantes auxquelles nous nous soumettons, les uns par nécessité, les autres volontairement. Elles jouent alors le rôle de véritables médicaments, que nous nous administrons quotidiennement pour combattre tant bien que mal les affections chroniques qui se développent sous l'influence d'un genre de vie auquel la nature ne nous a point destinés. Leur utilité, à ce point de vue, est incontestable; l'usage en est aussi salutaire que l'abus en est pernicieux.

De toutes ces boissons, la meilleure, sans contredit, c'est le vin. Le vin est le jus fermenté du raisin; le raisin est le fruit de la Vigne : tout le monde sait cela. Le vin, le raisin, la Vigne ont été célébrés sur tous les tons par les poètes de tous les temps et de tous les pays. Les Grecs et les Latins, grands buveurs et habiles viticulteurs, ont écrit sur ce sujet des poésies qui nous ont été conservées parmi les monuments littéraires de l'antiquité. Je me borne à rappeler ces jolis vers d'Horace :

> *Nullam, Vare, sacra vite prius severis arborem*
> *Circa mite solum Tiburis et mœnia Catili;*
> *Siccis omnia nam dura Deus proposuit...*

Dans les temps modernes, ce sont, je crois, les Français qui ont produit le plus de poésies bachiques. Quiconque en France a commis quelques vers, — et qui n'en a pas commis, hélas! — a fait en sa vie au moins une *chanson à boire,* et nous pourrions citer quelques poètes qui, ayant un certain talent, n'ont jamais su l'employer à autre chose.

On ne peut nier que la Vigne et le vin ne méritent une grande
partie des éloges qu'on leur a décernés, encore qu'on en pût
dire aussi, non sans raison, beaucoup de mal... Je me trompe :
dans ce cas, non plus qu'en beaucoup d'autres, ce n'est pas la
nature que nous avons le droit de blâmer, mais nous-mêmes,

Les vendanges.

qui, par nos vices, transformons en agents de corruption les
bienfaits de la Providence. La Vigne est un de ces bienfaits,
dont il ne tient qu'à nous de ne retirer que du profit, si nous
savons en user sagement. Ce n'est pas seulement une bonne
plante, c'est aussi une très jolie plante, qui tapisse de sa verdure nos murs et nos treillages, et réunit merveilleusement
l'agréable à l'utile. Elle donne son nom, — j'entends son nom

grec, — à la famille des Ampélidées, qui habite toute la région intertropicale. Les Ampélidées, d'après M. Le Maout, « sont très rares en dehors des tropiques, et surtout de celui du Capricorne; on n'en trouve aucune qui soit spontanée en Europe, et si l'on rencontre la Vigne vinifère (*Vitis vinifera*) dans quelques forêts basses de l'Europe méridionale, il faut la regarder comme une plante échappée à la domesticité. » La véritable patrie de ce végétal doit être, d'après le même auteur, recherchée dans la Mingrélie et la Géorgie, entre les montagnes du Caucase, de l'Ararat et du Taurus. Cette opinion est conforme au récit biblique qui nous montre le second père du genre humain, Noé, cultivant le premier la Vigne pour exprimer et faire fermenter le jus de ses fruits, mais éprouvant aussi le premier les fâcheux effets de cette séduisante liqueur.

Les mythologues de l'antiquité ont fait un dieu du personnage auquel ils attribuaient la gloire d'avoir doté le genre humain d'une si précieuse acquisition. C'est le Dionysos des Grecs, le Bacchus des Latins, l'Osiris des Égyptiens, qui va chercher dans l'Asie centrale les premiers ceps, et les apporte triomphalement de contrée en contrée, recevant partout en échange les hommages et les actions de grâces, et accomplissant ainsi la conquête pacifique de l'univers connu.

C'est donc après avoir été d'abord cultivée en Asie que la Vigne fut introduite en Grèce, et de là en Italie. Elle trouva dans ces deux pays un climat et des terrains très favorables, et s'y multiplia rapidement. Elle pénétra dans le midi de la Gaule avec les Phocéens, qui vinrent, six cents ans avant notre ère, y fonder leur colonie de Massilia. Au temps de César, cette florissante république possédait de magnifiques vignobles, et la culture de la Vigne s'étendait dans toute la Narbonnaise. Plus tard, Pline parle avec éloges des vins de l'Auvergne, de ceux du pays des Sénonais et des Allobroges, et il nous apprend que les vins de Gaule étaient très recherchés en Italie. Malheureusement, à la suite d'une année où le blé avait presque entièrement manqué, tandis que le raisin avait été très abondant, l'empereur Domitien s'imagina que la culture de la Vigne empiétait sur celle des Céréales d'une façon désastreuse, et ne tarderait pas à affamer l'empire à force de le trop abreuver. En conséquence, il ordonna d'arracher toutes les Vignes qui se trouvaient dans les Gaules. Cette absurde proscription, qui témoigne à la fois du caractère tyrannique de Domitien et de sa parfaite ignorance des lois économiques, fut maintenue pendant près de deux siècles. Elle fut enfin levée, en l'an 200 de notre ère, par l'empereur Probus, un des meilleurs et des plus grands princes qui aient gouverné l'empire d'Occident. Non seulement il permit aux habitants des Gaules de replanter leurs vignobles, mais il employa une partie de son armée à ce travail réparateur.

Au moyen âge, la culture de la Vigne fut une des plus suivies; elle était pratiquée non seulement par les paysans dans les campagnes, mais par les moines dans les grands clos qui dépendaient de leurs couvents, par les seigneurs dans leurs parcs, et même par les bourgeois dans l'intérieur des villes. Les Parisiens ne se doutent guère aujourd'hui qu'une partie du territoire occupé maintenant par des rues et par des boulevards était encore, il y a deux cents ans, un véritable vignoble, et que la montagne Sainte-Geneviève, dépendance de l'Université, était un cru aussi estimé que les coteaux d'Argenteuil.

« Si nous examinons géographiquement, dit M. Le Maout, la culture de la Vigne dans sa circonscription actuelle, nous rencontrons sa limite boréale sur la côte occidentale de l'Europe, à l'embouchure de la Loire. Cette limite, en s'étendant à l'est, remonte vers le nord, et atteint le 51ᵉ degré de latitude, au confluent du Rhin et de la Moselle. Les Vignes dispersées au delà de cette limite ne fournissent pas de vin, et l'on en obtient à peine du vinaigre. La culture de la Vigne réussit dans la vallée du Rhin et le long du Danube; en Hongrie, elle ne prospère pas au delà du 49ᵉ degré, et dans la Russie méridionale, elle s'éteint le long du rivage boréal de la mer Caspienne, sous le 48ᵉ parallèle. Cette limite forme dans son ensemble un arc dont lés extrémités s'appuient à l'ouest sur le 47°, à l'est sur le 48°, et dont la courbure atteint le 51° degré de latitude septentrionale. Une telle courbure s'explique par la nature même de la plante, dont les fruits, devant mûrir rapidement dans l'espace de quelques semaines, reçoivent du soleil, à latitude égale, plus de chaleur dans les continents que dans le voisinage des mers.

« En continuant de la mer Caspienne vers l'Orient, nous voyons que la Vigne n'est pas inconnue dans la Boukarie et le nord de la Perse; mais elle devient rare sur le versant méridional de l'Himalaya, et disparaît complètement dans la vallée de l'Inde et la région maritime de la Perse. Au-dessous du 29° degré, elle demande à être abritée contre les ardeurs du soleil. Il y a des Vignes dans l'île de Fer, située par 27°50. Sous les tropiques, on plante quelquefois de la Vigne dans les jardins; elle y pousse rapidement, mais le raisin se dessèche avant de mûrir. Dans l'Amérique septentrionale, la Vigne est rare; on ne la cultive pas en deçà du 38° degré. Dans l'hémisphère austral, on a planté des Vignes au cap de Bonne-Espérance, sur la côte du Chili, à l'embouchure de la Plata et dans la Nouvelle-Hollande. C'est en France, et près de la limite boréale de sa culture, que la Vigne produit les vins les plus estimés. »

La nature et la qualité des raisins et des vins varient selon le climat, la nature du sol, le mode de culture. L'ensemble des conditions qui donnent au vin ses caractères spécifiques constitue ce qu'on nomme le *cru*. La France est à la fois le pays qui produit le plus de vin, et qui possède le plus grand nombre de bons crus, surtout pour les vins propres à l'usage ordinaire de la table. Ses vins de Bourgogne, de Champagne, de la Moselle et de Bordeaux sont recherchés dans le monde entier pour la finesse de leur bouquet, pour leur légèreté et leurs propriétés toniques. Ceux du Midi, plus chargés et plus forts, sont moins estimés. On les mélange souvent avec les vins un peu verts de l'Orléanais. Le Midi produit d'ailleurs des vins de liqueur, et la Champagne des vins mousseux qui jouissent d'une juste renommée. Les vins d'Espagne, de Portugal et d'Italie se rapprochent de ceux de nos crus méridionaux. Ceux de Malaga, de Madère, de Xérès, de Lacryma-Christi, sont peu abondants; ce qui, joint à leurs qualités, particulièrement appréciées des gourmets, les maintient toujours à des prix élevés. Nous en dirons autant des grands vins du Rhin et de Hongrie, qui, dans un autre genre, ne sont pas moins renommés. Mais le plus rare et le plus cher de tous les vins est celui

La Vigne.

de Constance, ainsi nommé, non pas, comme l'a écrit certain journaliste, parce qu'il date de l'*année du concile*, mais parce qu'il provient de la localité de ce nom, laquelle est située dans la colonie anglaise du cap de Bonne-Espérance. « C'est, dit M. Herbin-Hennequin, la merveille des vins de liqueur, qu'il est donné à bien peu de personnes, quelle que soit leur fortune, de connaître et de déguster dans un état complet de virginité. La récolte de ce vin ne va pas à mille hectolitres dans les meilleures années. Comme on le voit, c'est une quantité bien minime pour alimenter les desserts de l'univers connu; et au Cap même, le peu qu'on en obtient, c'est-à-dire quelques flacons, est considéré comme un inappréciable présent[1]. »

En dehors des vignobles dont les produits sont affectés exclusivement à la fabrication du vin, on cultive, en espalier et en treilles, des Vignes dont les raisins sont consommés frais ou secs, comme fruits de dessert. La variété du raisin de table connue sous le nom de Chasselas est l'objet d'une culture et d'un commerce importants dans le centre de la France, et surtout aux environs de Paris. Celui qu'on appelle Chasselas de Fontainebleau, parce qu'il doit, dit-on, son origine au cep planté sous François Ier dans le parc du palais, ne se trouve qu'à Thomery, localité voisine de Fontainebleau, où sa culture a été introduite par Rose-Charmeux.

Les raisins secs, dont il se fait pendant l'hiver une grande consommation, proviennent en majeure partie de l'Italie, de l'Espagne et des îles de la Méditerranée. Le canton de Roquevaire, près de Marseille, est la seule localité française qui en fournisse des quantités notables. Les raisins secs dits *de Corinthe* se récoltent dans les îles Ioniennes, où la Vigne qui les produit a été apportée du Péloponèse. Les raisins sans pépins, appelés *Sultans,* dont les Turcs sont, dit-on, très friands, proviennent de l'Asie Mineure.

J'ai parlé plus haut de l'emploi populaire de la Vigne pour l'ornement des jardins. Cet emploi est fondé, chacun le sait, sur la rapidité avec laquelle croissent et multiplient ses tiges et ses branches sarmenteuses, qui en peu d'années couvrent un mur entier, enveloppent les berceaux et les tonnelles, ou grimpent jusqu'au sommet des plus grands arbres. Le tronc n'acquiert, du reste, que rarement un diamètre considérable. On en cite néanmoins quelques exemplaires d'une grosseur énorme. Tel était sans doute celui dont parle Pline, et dans lequel était taillé, au dire de cet auteur, l'escalier du temple d'Éphèse. Tels étaient encore ceux dont on avait fait à Métaponte les colonnes du temple de Junon, et enfin celui dans lequel on

---

[1] Art. Vins. du *Dictionnaire universel du commerce et de la navigation.*

avait sculpté la grande statue de Jupiter à Populonium. De nos
jours, en Angleterre, où la Vigne est cultivée en grand dans
d'immenses serres, cette plante a atteint parfois un développement extraordinaire. Le spécimen le plus gigantesque que l'on
connaisse dans la Grande-Bretagne, et peut-être dans le monde
entier, est celui qui existe à Hampton-Court. Planté par hasard
il y a un siècle, ce cep est devenu monstrueux, et remplit de
ses branches, dit M. L. Viardot, toute une vaste serre, où il
trouve une chaleur méridionale. A un mètre du sol, il a 75 centimètres de circonférence, et l'une de ses branches, repliée
sur elle-même, a plus de cent mètres de longueur. Cette Vigne
produit de deux à trois mille grappes de raisin, pesant de 700
à 1,000 kilog.

La Vigne, ainsi que la plupart des plantes cultivées, est sujette à diverses maladies. La plus funeste est celle qui a fait son
apparition sous forme épidémique vers 1850, et qui depuis lors
n'a cessé de ravager avec plus ou moins d'intensité les vignobles
de l'Europe. Cette maladie est produite par un petit champi-
gnon parasite, que les botanistes ont appelé *oïdium Tuckeri*,
du nom du savant qui l'a découvert. Elle se manifeste d'abord
par une efflorescence blanchâtre qui envahit les feuilles, les
grappes et les sarments, sans jamais atteindre la souche ni les
racines. Puis les feuilles se maculent de larges taches brunes
ou jaunâtres, et bientôt on les voit se crisper, se flétrir et tomber. Quant aux baies ou grains, l'altération qu'elles subissent
peut se présenter sous cinq formes différentes : 1° la baie se
flétrit, se ramollit, puis se dessèche ; son développement
s'arrête lorsqu'elle a atteint à peu près la moitié de sa grosseur
normale ; elle se dessèche alors, et durcit au point de prendre
une consistance presque ligneuse ; 3° c'est seulement lorsque le
grain est arrivé aux trois quarts environ de sa croissance qu'il
se flétrit, et cette flétrissure est accompagnée de décomposition
putride ; 4° le pédicelle de la fleur se couvre d'une couche
épaisse de mycélium, qui laisse la pellicule intacte, et sous
laquelle l'intérieur de la baie reste sain ; 5° enfin l'altération

peut se réduire à des taches qui n'empêchent pas le grain de mûrir, et ne nuisent point à sa qualité. De tous les moyens par lesquels on a tenté de combattre l'*oïdium,* le seul qui se soit montré vraiment efficace, et qui heureusement est aussi le plus simple et le plus économique, consiste à *soufrer* les vignes, c'est-à-dire à les saupoudrer avec de la fleur de soufre dès qu'on y voit apparaître quelque trace de la maladie. Lorsque cette opération est bien faite et en temps opportun, les progrès du mal sont sûrement arrêtés.

Là où la Vigne ne peut croître, le vin devient une boisson de luxe qu'on ne peut se procurer qu'à des prix élevés. La classe pauvre et même la classe moyenne n'en boivent alors que les jours de gala, et consomment à l'ordinaire d'autres boissons; dans certains pays c'est la bière qui remplace le vin; dans d'autres c'est le cidre.

Le cidre est le jus fermenté des pommes ou des poires. Le cidre de pommes est le cidre proprement dit. Celui qu'on fabrique avec les poires prend le nom spécifique de *poiré.*

Le Pommier (*Malus*) et le Poirier (*Pirus*) sont cousins. Ils font partie l'un et l'autre de la famille des Pomacées. Ils ne diffèrent essentiellement que par leurs fruits, que tous mes lecteurs connaissent assez pour me dispenser de les décrire. Je ne leur apprendrai rien non plus en leur disant que le Poirier et le Pommier sont cultivés dans nos jardins et nos vergers, et que les pommes et les poires figurent avec avantage sur nos tables. Pour l'énumération, la description et l'appréciation des nombreuses espèces ou variétés de poires et de pommes que les horticulteurs et les gourmets ont soigneusement cataloguées, je me permets de les renvoyer au *Bon Jardinier,* à la *Cuisinière bourgeoise* et aux autres ouvrages qui traitent spécialement et doctement cet intéressant sujet.

C'est seulement comme *fruits à boisson* que nous considérons ici les pommes et les poires; les premières surtout ont, à ce point de vue, une importance réelle. La culture du Pommier et

l'art de brasser ses fruits pour en extraire le jus étaient en honneur dans les Gaules dès le vi[e] siècle de l'ère chrétienne, et au
xiiie siècle le cidre de Normandie jouissait déjà d'une grande
réputation. Cette liqueur est maintenant plus ou moins en usage
dans la moitié environ de nos départements, principalement dans
ceux du Nord-Ouest, de l'Ouest, dans quelques-uns de ceux
de l'Est et du Centre, et même dans une partie de ceux du Midi.
Les habitants des anciennes provinces de Picardie, d'Artois, de
Normandie et de Bretagne n'ont guère d'autre boisson habituelle
que le cidre, et d'autre eau-de-vie que celle qu'on en extrait.

On peut faire, à la rigueur, du cidre avec toutes les espèces
de pommes; mais on ne brasse que les espèces communes,
appelées *pommes à cidre*. Celles-ci se divisent elles-mêmes en
trois sortes : les pommes douces, les pommes aigres ou acides,
et les pommes âpres. Les premières fournissent un cidre doux,
léger, agréable au goût, mais qui ne se conserve pas. Les
secondes donnent une boisson plus forte, mais qui s'altère
promptement et se convertit en vinaigre; enfin le cidre fait
avec les troisièmes est capiteux, nutritif, susceptible de se conserver longtemps; mais sa saveur acerbe et un peu amère ne
plaît pas à tout le monde. Le meilleur cidre est celui qu'on
extrait du mélange des trois sortes de pommes dont il vient
d'être parlé.

Parmi les Poiriers à cidre, la meilleure espèce est le *Poirier
sauger* ou *Poirier cirole* (*Pirus salvifolia*), dont le fruit est particulièrement estimé pour la fabrication du poiré. Je dois ajouter que le Pommier et le Poirier ne nous sont pas utiles. et
agréables seulement par leurs fruits. L'écorce du Pommier est
réputée tonique et astringente, et fournit une teinture jaune
assez bonne. Un produit analogue s'extrait des feuilles du Poirier, et l'écorce de cet arbre donne une laque brune qui teint
en brun cannelle. Le bois du Pommier n'est point dédaigné par
les ébénistes, et celui du Poirier est très recherché par les tourneurs et les luthiers. Il est lourd, d'un grain fin et uni, excel-

lent pour la confection des pièces qui doivent être dressées avec précision. Il se prête aussi admirablement au travail du sculpteur. Sa couleur naturelle est rougeâtre; mais il se teint facilement en noir, et imite très bien l'ébène. Enfin, pour le chauffage, il est réputé de première qualité.

VIII

L'IGNAME — LA BATATE — LE MANIOC — L'ARROW-ROOT — LE SAGOU

Les contrées chaudes du globe, où la végétation acquiert, sous la double influence des rayons ardents du soleil et des pluies périodiques, une puissance et une fécondité merveilleuses, possèdent une grande variété de plantes alimentaires. Ce sont, parmi les graminées, le Riz et le Maïs; parmi les espèces à rhizome ou à racine farineuse, l'Igname, la Batate, le Manihot; parmi les arbres de grande taille à fruits succulents et nutritifs, les Palmiers, les Bananiers, l'Arbre à pain, le Cacaoyer. Puis viennent les arbres et les arbrisseaux aromatiques, qui remplissent aussi dans l'alimentation un rôle d'une incontestable utilité : le Caféier, l'arbre à Thé, le Cannelier, le Giroflier, le Poivrier. J'en omets forcément un grand nombre, dont l'histoire ne saurait trouver place dans ce volume, et je dois me borner à passer rapidement en revue les végétaux que l'on peut justement considérer comme les types principaux de cette flore bienfaisante.

J'ai parlé précédemment du Maïs et du Riz, qui remplacent, dans le voisinage des tropiques, et même dans la zone équatoriale, le Blé, le Seigle et les autres céréales de nos climats. Nous avons vu d'ailleurs que la Pomme de terre est originaire des mêmes latitudes; mais il est d'autres plantes féculentes qui, jusqu'à présent du moins, ne se sont pas, comme cette Morelle, acclimatées en Europe. Telles sont l'Igname et la Batate.

Les IGNAMES (*Dioscorea,* famille des Dioscorées) sont des plantes herbacées, vivaces ou sous-frutescentes, propres aux contrées tropicales et sous-tropicales des deux hémisphères. Leur rhizome, ordinairement très développé, est parfois ligneux, mais plus souvent tubéreux et comestible. L'espèce la plus intéressante de ce genre est l'Igname proprement dite, ou Igname ailée (*Dïoscorea alata*), plus communément appelée Igname de Chine, et qui est très répandue dans les pays chauds. Elle est originaire de la Chine et de l'Inde, d'où sa culture s'est propagée dans les îles de l'archipel Indien et en Afrique. Cette culture est fort simple, et se pratique exactement comme celle de la Pomme de terre. Les tiges de l'Igname proprement dite sont grimpantes, longues de 2 m. à 2 m. 50, ailées et quadrangulaires. Les feuilles sont cordiformes, lisses et à sept nervures. Les fleurs sont petites et réunies, au sommet des tiges, en grappes axillaires. Le rhizome acquiert au moins le volume de nos betteraves; souvent même il atteint une longueur de près de 1 m., et l'on en a vu qui pesaient jusqu'à 20 kilogr. Sa forme diffère selon la variété de l'espèce. Il est tantôt droit, tantôt tortueux et contourné; tantôt simple, tantôt lobé et comme digité. Sa couleur est gris-noir à l'extérieur, blanche ou rougeâtre à l'intérieur. Ce rhizome a une saveur un peu âcre lorsqu'il est cru; mais la cuisson ne lui laisse qu'un goût agréable. C'est un aliment sain et nutritif, dont on fait usage en guise de pain ou de pomme de terre, et qui se prête à des préparations culinaires très variées.

L'espèce qu'on cultive dans la Cochinchine est l'Igname à racine blanche (*Dioscorea eburnea*); au Japon, c'est une autre espèce, à laquelle on a donné le nom de ce pays (*Discorea*

japonica). D'autres espèces se trouvent à la Guyane, dans la
Floride et la Virginie, aux Antilles. Dans le midi de l'Europe,
la culture de l'Igname de la Chine a pris depuis peu d'années
une certaine extension, et cette plante pourra quelque jour
prendre place parmi nos plantes alimentaires. On extrait des
rhizomes de l'Igname une fécule analogue à celle du *Maranta
arundinacea* (*arrow-root* de l'Inde et du Brésil), et dont on fait
une sorte de tapioca très estimée.

On croit communément que la BATATE ou PATATE n'est autre
chose qu'une variété, ou du moins une espèce voisine de la
Pomme de terre. C'est une erreur : ces deux plantes ne se
ressemblent point, et appartiennent non seulement à des
genres très éloignés l'un de l'autre, mais à des familles différentes. La Pomme de terre est, comme nous savons, une Solanée ; la Batate est un genre du groupe des Liserons, famille des
Convolvulacées. Ce genre se compose de plantes herbacées ou
sous-frutescentes, la plupart originaires des contrées les plus
chaudes de l'Asie et de l'Amérique. Il ne comprend qu'un
petit nombre d'espèces, dont une seule mérite notre attention.

C'est la *Patate douce* ou *comestible* (*Convolvulus batatas*,
Linné ; *Batatas edulis*, Choisy). La tige de cette plante est
plutôt rampante que volubile ; ses feuilles sont ordinairement
anguleuses, pétiolées, longues de 1 à 2 décimètres, cordiformes
à la base, aiguës à l'extrémité. Ses fleurs, réunies par trois ou
quatre sur un même pédoncule, sont roses ou purpurines.
Enfin la racine tubéreuse qui donne à la plante toute sa
valeur est de couleur variable : tantôt jaune, tantôt rouge ou
violacée. Elle est toujours volumineuse, et pèse parfois 4 kilogr.
Cette racine, féculente et sucrée, joue dans l'alimentation de
certains peuples, en Asie et en Amérique, un rôle non moins
important que celui de la Pomme de terre en France. La
Patate a pour patrie l'Inde, d'où elle s'est répandue dans
l'Indo-Chine et le Japon, bien au delà de sa zone naturelle. On
l'a parfaitement acclimatée dans une grande partie du nouveau
monde ; on en a d'ailleurs trouvé certaines espèces croissant

spontanément dans les Antilles. Cette Convolvulacée fleurit et
fructifie rarement; il en existe même des variétés qui ne
donnent jamais de graines. On comprend que la culture de
celles qui portent des fruits et des semences soit plus avantageuse, la reproduction par les graines donnant le seul moyen
d'obtenir des variétés meilleures ou plus hâtives.

La Patate exige, pour prospérer, un climat dont la température moyenne ne soit pas inférieure à + 15°. Elle s'accommode

Convolvulus Batatas.

bien d'une température plus élevée; mais ce n'est qu'à force de
soins et de précautions qu'on peut la faire vivre, se développer
et multiplier dans les contrées plus froides. Le naturaliste hollandais de Siebold, à qui l'on doit une très savante étude de
cet utile végétal, a trouvé la Patate cultivée en grand au Japon
et en Chine. M. de Siebold, qui, pendant un séjour de plusieurs années au Japon, en mangeait tous les jours, suivant la
coutume du pays, déclare que c'est un mets très agréable,
bien qu'on ait reproché à la batate d'être « trop sucrée pour
un aliment, et pas assez pour une friandise ». Les patates
qu'on obtient au Japon sont très farineuses, et crèvent dans

l'eau bouillante comme les meilleures pommes de terre. Les Japonais les préfèrent de beaucoup aux ignames et aux autres racines féculentes.

M. de Siebold a fait venir directement du Japon, au mois de mai 1855, des échantillons de Batates, qu'il a multipliées assez rapidement pour pouvoir les mettre, dès l'automne suivant, à la disposition des jardiniers et des amateurs de Leyde. Les essais de culture tentés d'ailleurs au jardin des Plantes de Paris, et plus récemment aux environs de New-York, sont de nature à faire espérer de bons résultats. Il paraît certain que la Batate trouverait en Algérie et dans l'Europe méridionale une seconde patrie. Elle s'est très bien acclimatée en Espagne et en Portugal, et elle y est devenue un aliment populaire. A Malaga elle est l'objet d'un commerce considérable. Déjà nous en recevons de l'Algérie; mais ce n'est encore qu'à titre d'échantillon, et presque de curiosité. A Paris du moins on ne trouve encore des patates que chez quelques marchands spéciaux, qui les vendent assez cher.

En résumé, il serait à désirer qu'on s'occupât activement de vulgariser en Algérie et dans le midi de la France la culture de la Batate. Peut-être cette culture remplacerait-elle avec avantage, dans ces contrées, celle de la Pomme de terre, qui pourrait bien être en voie de dégénérescence.

Les Maniocs, ou Manihots, sont des arbres de la famille des Euphorbiacées, qui croissent dans les Antilles, dans les parties les plus chaudes du continent américain, et dans l'Afrique équatoriale. La racine des Maniocs fournit une matière féculente fort estimée, non seulement sous les tropiques, mais aussi en Europe, où l'on en importe chaque année des quantités considérables. Les espèces de ce genre sont nombreuses; mais il en est deux surtout qui méritent de nous occuper, à raison de l'usage qu'on fait de leurs racines, et aussi à cause de la différence singulière que ces racines présentent quant à leurs propriétés. Cette différence est analogue à celle qui existe entre les amandes douces et les amandes amères.

Ainsi la racine du *Manioc doux,* appelé aussi *Caniagnoc, Aipi, Juca dulce,* ne renferme aucun principe malfaisant, et peut être mangée au naturel, c'est-à-dire simplement cuite dans l'eau ou sous la cendre, comme les pommes de terre ; et même les animaux la mangent crue sans en être incommodés. Au contraire, la racine du Manioc proprement dit, ou Manioc amer (*Jatropha manihot,* Linné ; *Janipha manihot,* Kunth ; *Manihot utilissima,* Pohl), est très vénéneuse. Le poison qu'elle contient n'est autre, à ce qu'on croit, que l'acide cyanhydrique, ou du moins un principe transformable en cet acide, lequel est heureusement très volatil, très peu stable, partant facile à éliminer, à détruire même ; ce qui permet d'utiliser la racine du *Jatropha manihot* comme aliment, moyennant une préparation assez simple pour que les Indiens et les nègres l'aient dès longtemps imaginée et mise en pratique.

Voici comment ils s'y prennent pour débarrasser la racine du Manioc de son principe vénéneux. Ils la mondent de son écorce et la réduisent, par le râpage, en une pulpe qu'ils enferment dans des sacs de palmier très longs, très étroits, et faits de manière à pouvoir s'allonger et en même temps se rétrécir considérablement lorsqu'ils sont tirés par les extrémités. Ces sacs étant remplis de pulpe de Manioc, on les attache par une de leurs extrémités à une branche d'arbre, tandis qu'à l'autre bout on suspend un vase très lourd, qui, exerçant par son poids une forte traction sur le sac, exprime le suc de la pulpe et le reçoit à mesure qu'il s'écoule. La pulpe, lorsqu'elle a été ainsi suffisamment pressée, est séchée au feu, puis broyée ; c'est ce qu'on nomme la farine de Manioc. On en peut faire du pain en la mélangeant avec la farine de Blé. Au procédé barbare et médiocrement commode des sacs élastiques, les Européens ont substitué l'emploi, plus avantageux sous tous les rapports, des presses à vis ; mais la préparation est, du reste, la même.

En outre de la farine de Manioc obtenue comme nous venons de le dire, on retire de la racine du *Jatropha* trois sortes principales de produits alimentaires, connus sous les noms de *covaque*, *cassave* et *moussache*.

La *cavaque*, ou *cacavi*, est la racine du Manioc râpée, exprimée et séchée d'abord sur des claies à un feu doux. On la crible ensuite pour la diviser en grumeaux de volumes à peu près égaux; puis on lui fait subir, dans des chaudières modérément chauffées, un commencement de torréfaction. On la mange en potages, cuite dans le lait, l'eau ou le bouillon, où elle se gonfle prodigieusement. Ces potages sont agréables au goût et très nourrissants.

La *cassave* se prépare à peu près de la même manière; mais on se contente de l'étendre, au sortir de la presse, sur des plaques de fer, où on la fait sécher sans la torréfier. On en forme ainsi une espèce de galette que le consommateur fait cuire et accommode à son goût.

Quant à la *moussache*, c'est la fécule qui, entraînée avec le suc dans l'opération du pressage, se dépose au fond du vase. On la recueille après avoir décanté le liquide; on la lave et on la sèche d'abord à l'air, puis sur des plaques chaudes, où elle s'agglomère en petits grains ou grumeaux. C'est cette farine qu'on reçoit en Europe sous le nom de tapioca. On la vend aussi quelquefois comme arrow-root; et il faut, pour la distinguer, la soumettre soit à l'examen microscopique, soit à un essai par la vapeur d'iode ou par la solution de potasse.

L'ARROW-ROOT, que nous avons déjà mentionné en passant, s'extrait de diverses plantes propres aux régions les plus chaudes de l'Asie et de l'Amérique, notamment des *Maranta indica* et *arundinacea*, et du *Curcuma angustifolia*. Le nom de cette substance est formé de deux mots anglais, et signifie *flèche-racine* ou *racine de flèche*. Je prie le lecteur de vouloir bien ne pas m'en demander l'explication. Tout ce que je puis dire, c'est que l'arrow-root est une fécule dont les grains sont moins blancs, plus gros et plus transparents que ceux de notre amidon de Blé, et qu'il s'en consomme en Angleterre d'assez grandes quantités.

Une autre fécule comestible, le *sagou*, est fournie par la moelle du Palmier Sagoutier (*Sagus farinifera,* Rumph), qui forme à Amboine, avec d'autres arbres de la même famille, des forêts, ou du moins des bois assez vastes, et qui se trouve aussi en abondance dans d'autres îles de l'archipel Indien et sur la presqu'île hindoue.

IX

LE DATTIER — LE COCOTIER

Le Sagoutier n'est pas, à beaucoup près, la seule espèce de Palmier qui rende aux habitants des régions tropicales d'importants services. Plusieurs membres de cette noble famille contribuent pour une part plus ou moins importante à la nourriture de l'homme. Mais il en est deux entre tous qui doivent être rangés au nombre des végétaux les plus utiles : je veux parler du Palmier-Dattier et du Cocotier.

Le Dattier (*Phœnix dactylifera*) est un bel arbre dioïque, de 20 à 25 mètres de haut. Son bois est dur extérieurement, mais sans consistance à l'intérieur. Ses feuilles ou frondes, réunies en bouquet à la cime du tronc, sont pennées. Son spadice ou régime sort d'une grande spathe, et porte des fleurs pistillées ou staminées auxquelles succèdent les fruits, appelés *dattes,* que tout le monde connaît. « Le Dattier prospère, disent

MM. Warnier et Jules Duval, dans toute la vaste zone que
coupe en deux le tropique du Cancer, depuis l'océan Atlan-
tique jusqu'à la vallée de l'Indus, entre le 12° et le 37° degré de
latitude nord. Dans cette région il est, comme le Bambou dans
l'Asie orientale, comme le Cocotier sous l'équateur, le don le
plus précieux de la nature; car il fournit à presque tous les
besoins de la population : nourriture, vêtement, logement,

Le Palmier-Dattier.

ustensiles de ménage, sans compter une foule d'emplois d'économie domestique; en même temps ses couronnes de feuillage
permettent de cultiver sous leur ombre épaisse une multitude
d'autres végétaux[1]. » Les oasis des grands déserts de l'Afrique
et de l'Arabie ne sont autre chose que des bois ou vergers de
Dattiers entourant un ou plusieurs villages fortifiés. La culture
de ce Palmier est la principale, souvent même la seule industrie des habitants de ces villages. Cet arbre doit, disent-ils,
« plonger ses pieds dans l'eau, et sa tête dans le feu du ciel. »
Le fait est qu'il ne mûrit parfaitement ses fruits qu'après s'être
chauffé pendant huit mois aux rayons ardents du soleil. Il peut

[1] Art. DATTES, du *Dictionnaire universel du commerce et de la navigation.*

néanmoins supporter un froid nocturne de 5 à 6 degrés au-dessous de zéro. Il fournit, en outre de ses fruits, qui sont la base de l'alimentation et du commerce des Sahariens, un liquide laiteux et sucré, qui acquiert par la fermentation une saveur vineuse.

« Dans la vigueur de l'âge, disent encore MM. Warnier et Duval, chaque Palmier porte moyennement, par année, de 8 à 10 régimes de dattes, dont chacun pèse de 6 à 10 kilogr. La maturité et la qualité des dattes sont en raison de la chaleur. C'est pourquoi les oasis méridionales et peu élevées au-dessus du niveau de la mer, ou qui, par leur forme et leur situation, concentrent le mieux les rayons du soleil, produisent des fruits meilleurs que les oasis septentrionales ou d'une altitude élevée.

« Les dattes fraîches (en arabe *koubarra*) constituent un aliment de luxe, auquel on attribue la propriété de favoriser l'embonpoint. Les dattes sèches (*temeur*) sont la nourriture essentielle de tous les habitants du Sahara, et un élément notable de l'alimentation dans les autres régions à Palmier; car elles entrent dans la composition de presque tous les mets, sinon comme base, au moins comme accessoire. A peine cueillies, elles sont mises à sécher au soleil, puis entassées dans des magasins où leur dessiccation s'achève en cet état; elles peuvent se conserver dix à douze ans, et mieux encore, comprimées sous forme de gâteaux. Pour l'usage des caravanes, on fait avec la datte une préparation alimentaire qui porte en arabe le nom spécial de *bsica*. A cet effet, le fruit, débarrassé de son noyau, est pilé avec de la farine de froment et du beurre fondu, puis placé dans une peau de mouton ou de chevreau, où il se conserve d'une année à l'autre. La *bsica* est délayée dans l'eau pour être mangée. »

Le genre Cocotier, établi par Linné sous le nom de *Cocos*, dans la famille des Palmiers, est formé d'arbres qui sont presque tous de grande taille. Leur diamètre varie de 2 à

3 décimètres, et leur hauteur de 20 à 30 mètres. Leur tige est lisse, marquée de cicatrices annulaires assez écartées, et surmontée de grandes frondes pennées, à pétioles épineux, à folioles nombreuses, ordinairement étroites, flexueuses et pendantes. Les fleurs mâles sont jaunâtres; les fleurs femelles sont verdâtres. Tous les Cocotiers connus, sauf le Cocotier commun, appartiennent aux régions équatoriales du nouveau monde, et sont surtout abondants au Brésil. Une seule espèce, le Cocos Australis, s'étend jusqu'au sud de Corrientes, sur les bords du Parana. Dans l'hémisphère boréal, ils ne dépassent pas les Antilles et l'isthme de Panama. Seul le Cocotier commun, qui est l'espèce la plus importante, est cultivé avec succès dans les contrées intertropicales des deux continents.

Le Cocotier croît de préférence sur les bords de la mer et dans les terrains imprégnés de matières salines. Cet arbre est, sans contredit, un des plus précieux que possèdent les habitants des pays chauds. Son bois, bien que peu solide, peut servir à la construction des charpentes légères; mais on préfère en général le respecter, car le palmier est beaucoup plus utile pendant sa vie qu'après sa mort. Si l'on incise son tronc de manière à entamer le bois, il découle de ses blessures un suc laiteux qu'on désigne sous le nom de *toddi* ou *vin de Palmier*. Cette liqueur, douce et sucrée lorsqu'elle est fraîche, devient, au bout de quelques heures, alcoolique, piquante et très rafraîchissante; puis en peu de temps elle surit et se transforme en vinaigre. Soumise à la distillation au moment où elle vient de subir la fermentation alcoolique, elle fournit une boisson spiritueuse appelée *arrack*, dont il se consomme dans l'Inde d'assez grandes quantités. On peut enfin en extraire, lorsqu'elle est fraîche, un sucre semblable à celui de la Canne et de la Betterave. Les feuilles du Cocotier, sont employées, soit en guise de chaume, à couvrir les maisons, soit à faire des nattes, des corbeilles et divers autres ouvrages.

Mais le principal produit de ce genre de Palmier, ce sont ses fruits, bien connus sous le nom de *noix de coco*, ou plus sim-

plement *cocos*. Ces fruits sont à peu près gros comme la tête
d'un homme, et réunis en grappes énormes de dix ou douze,
qui sortent de la touffe de feuillage dont l'arbre est couronné.
Leur tégument lisse, mince et dur, d'un brun gris ou ver-

Le Cocotier.

dâtre, recouvre un brou filamenteux de 4 à 5 centimètres
d'épaisseur. Les fibres qui composent cette partie du fruit
prennent une couleur brune rougeâtre. Elles sont grosses et
tenaces. On les utilise non seulement dans les pays chauds,
mais aussi en Europe, pour le calfatage des navires et pour la
confection de toiles à emballage, de câbles et de tapis. Leur
application la plus répandue parmi nous consiste à en faire des
tapis de vestibule et d'antichambre, qui sont très solides et

d'un excellent usage. Les fibres de coco sont désignées dans l'Inde sous le nom de *queir*, dont nous avons fait *coir*. La noix ou graine unique qu'elles enveloppent est de forme ovoïde. Sa coque, très dense et très dure, est susceptible d'un beau poli; son épaisseur est de 3 à 4 millimètres. Elle est percée à sa base de trois trous, dont un est presque toujours ouvert; les deux autres sont bouchés par une substance molle et fibreuse qui s'enlève aisément. Les indigènes façonnent ces coques pour leurs usages domestiques. En Europe, on en fait divers ouvrages de fantaisie ordinairement sculptés avec art, tels que coupes, ronds de serviette, tabatières, etc.

L'amande, lorsque le fruit n'est pas encore parvenu à sa maturité, est blanche, tendre, nutritive et d'un goût très agréable; mais lorsque la noix est mûre et qu'elle a été cueillie depuis un certain temps, elle devient âcre, très dure et n'est plus mangeable. Au centre de cette amande se trouve une cavité remplie d'un suc laiteux vulgairement appelé *lait de coco*, qui, dans le fruit vert, tient en suspension la substance, encore très divisée, de l'amande. Sa saveur est alors douce et crémeuse; mais il ne tarde pas à déposer cette matière contre les parois; il s'éclaircit et perd en même temps sa saveur agréable. Nous ne pouvons malheureusement pas, en Europe, apprécier les qualités du coco frais, tant vanté par les voyageurs; car ce fruit ne nous parvient que desséché, dur et indigeste.

Au surplus, bien qu'on voie figurer les noix de coco aux étalages des marchands de comestibles, ce n'est pas, en réalité, à titre de produits alimentaires qu'elles nous sont expédiées, mais bien en vue des autres usages dont nous avons parlé. En outre, on extrait des amandes de cocos une huile butyreuse, l'*huile* ou *beurre de coco*, dont on tire parti de plusieurs façons, et notamment pour la fabrication des savons. Il s'en consomme beaucoup en Angleterre, où l'on envoie de l'Inde, de Ceylan et des Antilles les pulpes dépouillées et concassées tout exprès pour l'extraction de l'huile. Notons en passant qu'il ne faut pas confondre cette huile avec *l'huile de palme,* qui est fournie par une autre espèce de Palmier.

On reçoit du Brésil, et particulièrement de Bahia, de *petits cocos* de la grosseur d'un œuf de poule, le plus souvent dégagés de leur enveloppe filamenteuse. Ces noix proviennent d'une espèce de Cocotier très répandue sur plusieurs points de la côte du Brésil. Leur coque est très épaisse, très dure et d'un beau rouge brun. On en fait des ouvrages de tabletterie. Leur amande ne se mange point; on la travaille quelquefois à la façon de l'ivoire, dont elle a presque la consistance.

X

LE BANANIER — L'ARBRE A PAIN

Le Bananier n'est pas un arbre, c'est une plante herbacée gigantesque, qui appartient à la famille des Musacées et à la classe des Scitaminées. Il n'est vivace que par ses drageons, et sa tige périt aussitôt qu'il a donné son fruit. Son mode de végétation présente, du reste, une analogie frappante avec celui de la famille des Liliacées. D'un plateau bulbeux et charnu sortent en dessous des racines fibreuses, et en dessus des feuilles dont la largeur peut atteindre un mètre, et la longueur de deux à trois. Les pétioles de ces feuilles sont persistants; en s'engainant les uns dans les autres et en se desséchant, ils forment une tige qui acquiert souvent, avec la grosseur d'un tronc d'arbre ordinaire (environ 25 centimètres), une hauteur de 4 à 5 mètres. Cette sorte de fausse tige est traversée dans toute sa hauteur par une hampe qui naît du bulbe, sort au sommet près de la feuille terminale, s'élève à quelques décimètres au-dessus, puis se recourbe, se penche souvent très bas vers la terre, et se termine par un régime qui porte à l'extrémité les fleurs mâles, et à la base les fleurs femelles, puis les fruits. Ces fruits, réunis en bouquets de douze à quatorze, sont allongés, de forme prismatique triangulaire, enveloppés d'une écorce d'abord verte, puis jaune, qui renferme une chair molle, féculente et sucrée, très nutritive et très agréable au goût. Dès que le fruit est mûr, les feuilles et la tige se fanent et périssent. Dans les pays chauds d'où il est originaire, le Bananier naît, grandit, fleurit, fructifie et meurt dans l'espace d'un an ou de dix-huit mois. Dans les climats plus voisins du nôtre et dans nos serres, son développement devient à la fois beaucoup moindre et beaucoup plus lent, et l'on en a vu vivre jusqu'à dix ou douze ans.

C'est, dit-on, une tradition populaire parmi les chrétiens d'Orient, que le *Lignum vitæ*, l'arbre de vie, dont le Seigneur avait interdit à nos premiers parents de manger le fruit, n'était autre chose qu'un Bananier, d'où le nom de *Musa paradisiaca*, que lui ont donné les botanistes, et dont la traduction est devenue usuelle dans plusieurs langues.

Quoi qu'il en soit, et si tant est que Dieu ait jamais interdit à l'homme l'usage de la banane, il paraît que cette défense est levée depuis bien des siècles; car ce fruit fournit aux habitants des zones tropicales, sur les deux hémisphères, une grande partie de leur nourriture. Deux espèces surtout sont pour ces peuples une précieuse ressource. Ce sont : le *Bananier du paradis*, dont je viens de parler, et le *Bananier des sages*. Le fruit du premier, qui est la banane proprement dite, se cueille un peu avant sa maturité. On peut le manger cru; mais on préfère ordinairement le faire cuire, soit au four ou sous la cendre, soit avec de la viande salée. La *banana courte* ou *figue-banane*, fruit du *Bananier des sages*, se mange, au contraire, plutôt crue que cuite. Elle est tendre, délicate, sucrée, et n'a besoin d'aucun assaisonnement; mais elle ne peut se garder longtemps, à

moins qu'on ne la fasse sécher après l'avoir coupée en tranches.
Quelquefois aussi on la dépouille, on la râpe, on la met en
presse et on la fait cuire comme le manioc. On obtient ainsi
une fécule qui se conserve bien et peut servir à faire d'excellents potages.

Le Bananier.

Le Bananier pourrait d'ailleurs emprunter une grande importance industrielle et commerciale à l'abondance et à la belle
qualité du produit textile fourni par sa tige. Depuis longtemps
les fibres qui composent cette partie de la plante sont employées aux îles Philippines. Les habitants en font des tissus
extrêmement fins, appelés *nipis*. Il y a quelques années, les
Anglais, fort préoccupés de suppléer par quelque substance
nouvelle à l'insuffisance des matières premières dont ils dis-

posent pour la fabrication du papier, se sont avisés d'appliquer
à cette fabrication les fibres du Bananier. Ils ne tardèrent pas à
se demander s'ils ne trouveraient pas dans cette plante, que
leurs colonies produisent en si grande abondance, un produit
susceptible, non seulement de leur rendre le genre de service
qu'ils avaient en vue, mais de figurer sur les marchés à côté
des fibres déjà en usage, telles que le lin, le chanvre et le
coton.

Des études furent entreprises à la Jamaïque, et surtout à la
Guyane anglaise, sur le parti qu'on pourrait tirer du Bananier
comme plante textile; leur résultat parut favorable, et l'on a
vu, aux expositions de 1855 et de 1862, de fort beaux échantillons de fils et de tissus fabriqués avec les fibres de cette Mu-
sacée. Il ne semble pas toutefois que la nouvelle industrie, qui
avait fait concevoir de si belles espérances, les ait jusqu'ici
réalisées; car ces fils et ces tissus n'ont pas encore pris rang
dans le commerce européen. En serait-il de cette tentative
comme de tant d'autres qui, saluées à leur début avec un en-
thousiasme trop irréfléchi, succombent bientôt après par l'effet
de circonstances imprévues?... Il y a lieu de croire que si le
succès n'a pas répondu aux calculs basés sur des essais encore
incomplets, c'est tout simplement parce que les fibres du Bananier n'ont pu réaliser, par rapport à la qualité ou au prix de
revient, un progrès assez marqué pour leur permettre de soutenir la concurrence contre les produits textiles qui, jusqu'à ce
jour, ont suffi à nos besoins.

A Ceylan et dans les îles de la Sonde croît un des arbres
les plus curieux et les plus utiles de la zone tropicale : c'est
le Jacquier ou Arbre a pain (*Artocarpus incisa*, fam. des Morées),
qui s'élève à 15 et 18 mètres de hauteur. Toutes ses parties,
lorsqu'on les incise, laissent découler un suc laiteux qui durcit
au contact de l'air. Ses rameaux sont très nombreux, et les
plus rapprochés de la base atteignent une longueur considérable. Ses feuilles sont grandes, consistantes et assez profon-

dément découpées. Le nom d'Arbre à pain lui a été donné à cause de son fruit ovoïde ou arrondi, de la grosseur d'un œuf d'autruche, et qui est la principale nourriture des Cingalais. Lorsque ce fruit est bien mûr, sa chair est blanche, ferme, farineuse et très agréable au goût. On le fait bouillir tout entier, ou bien on le découpe en tranches que l'on fait rôtir, et il peut entrer dans une foule de préparations culinaires. On dit que deux ou trois Jacquiers suffiraient pour nourrir un homme toute sa vie.

XI

LE CACAOYER

Les fruits du Cocotier et du Bananier n'arrivent en Europe qu'à titre de curiosités exotiques. On y goûte une fois par hasard, et c'est tout. Quant au fruit de l'Arbre à pain, je ne l'ai jamais aperçu chez aucun marchand de comestibles. Il en est bien autrement des semences du CACAOYER, que tout le monde connaît sous le nom de *Cacao,* et dont l'importation et la consommation ont pris, non seulement en Europe, mais presque dans le monde entier, des proportions qui s'évaluent chaque année par millions de kilogrammes.

Le nom botanique du Cacaoyer est dérivé du grec et signifie *nourriture des dieux* ou *ambroisie : Theobroma.* Le genre Cacaoyer a été placé par Jussieu dans la famille des Malvacées; quelques autres botanistes l'ont rattaché à celle des Byttnériacées. Il comprend une dizaine d'espèces, qui toutes appartiennent aux régions les plus chaudes de l'Amérique, et se subdivisent en une multitude de variétés dont la plupart se sont formées artificiellement par l'effet de la culture. Ces variétés diffèrent souvent beaucoup de grandeur. Les dimensions les plus ordinaires et le port des Cacaoyers les ont fait comparer à nos Cerisiers. Mais il en est qui atteignent une taille bien supérieure (10 à 12 mètres), tandis que d'autres sont de petits arbrisseaux de 1 à 2 mètres seulement. Leurs feuilles sont grandes, simples, minces, acuminées, à surface lisse, de couleur rougeâtre lorsqu'elles sont jeunes, d'un beau vert foncé lorsqu'elles ont atteint tout leur développement, et marquées de nervures jaunes régulièrement disposées. Les fleurs sont implantées sur les branches et jusque sur le tronc, et réunies en fascicules. Elles sont portées sur un pédoncule simple, menu et légèrement velu. Leurs pétales, au nombre de cinq, sont de couleur jaune ou rougeâtre. Elles se développent surtout en grand nombre aux deux solstices; mais toutes celles qui poussent sur les petites branches restent incolores et stériles : celles des grosses branches et du tronc sont seules productives. Les fruits qui leur succèdent, et qui mûrissent en toute saison, sont des baies ou capsules ovoïdes, terminées par une sorte de crochet recourbé; ce qui leur donne quelque ressemblance de forme avec un concombre. Ces fruits, vulgairement appelés *cabosses*, sont longs de 12 à 20 centimètres et revêtus d'un péricarpe ligneux, jaune ou rouge selon l'espèce, relevé de côtes peu saillantes, inégales et rugueuses. Ils sont divisés intérieurement en cinq loges, contenant ensemble de 25 à 40 graines amygdaloïdes, pressées symétriquement à plat les unes contre les autres, enveloppées d'une pulpe gélatineuse d'un blanc rosé à saveur aigrelette, et réunies par un *placenta* commun situé au centre de la capsule. Ce sont ces graines qui constituent le cacao du commerce, et servent à la fabrication du chocolat.

La frondaison, la floraison et la fructification du Cacaoyer sont permanentes. On y voit donc en tout temps des feuilles, des fleurs et des fruits à tous les degrés de développement; ce

qui donne à cet arbre un aspect des plus variés et des plus pit-
toresques, où le vert, le rouge et le jaune se mélangent et s'har-
monisent parfaitement, et qui le ferait rechercher pour l'ornement des jardins et des serres, quand même il ne donnerait
aucun produit utile.

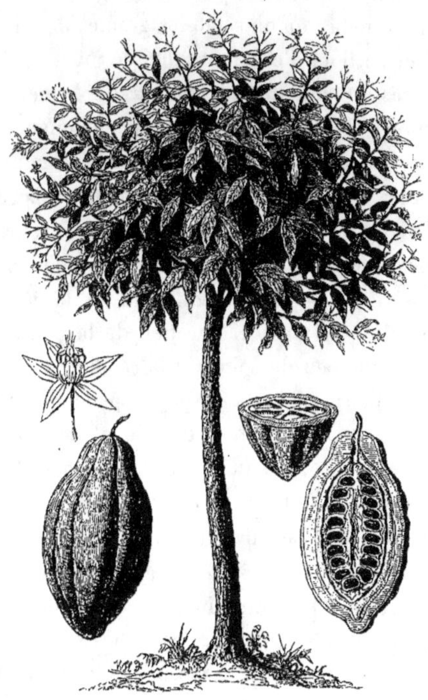

Le Cacaoyer.

Les Cacaoyers sont, depuis le commencement du xviiie siècle,
dans toutes les colonies de l'Amérique tropicale, mais principalement dans les colonies espagnoles, ou plutôt dans les États
indépendants qui s'en sont formés, l'objet d'une culture très
étendue et très productive. On les multiplie par voie de semis.
Les cacaoyères, ou plantations de Cacaoyers, ont, en général,
huit cents mètres de superficie. Elles sont ordinairement entou-
rées de Bananiers, de Citronniers et d'autres grands arbres

destinés à les garantir du vent. On plante aussi des Bananiers dans les intervalles laissés entre les Cacaoyers, afin de protéger ces derniers contre les trop grandes ardeurs du soleil, qui leur sont surtout nuisibles dans leur jeunesse. On cultive aussi, dans ces mêmes intervalles, des Maniocs, des Concombres, des Melons, des Patates et d'autres plantes potagères.

C'est en novembre qu'on sème les graines de Cacaoyer, et on les voit lever au bout d'une quinzaine de jours. A deux ans, les jeunes arbres ont atteint une hauteur de 1 mètre à 1 mètre 30 centimères, et à deux ans et demi ils commencent à fleurir; mais ils ne donnent des récoltes de quelque importance qu'à cinq ans, et à vingt-cinq ou trente seulement ils sont en plein rapport. La culture accessoire des plantes potagères cesse dès que les Cacaoyers sont arrivés au terme de leur croissance, et on ne conserve que les Bananiers, dont les larges feuilles leur prêtent un abri salutaire. L'entretien de la plantation n'exige plus dès lors que peu de soins, et la récolte peut se faire avec suite. Elle a lieu, en certains pays, pendant toute l'année, mais principalement aux mois de juin et de décembre; cette dernière époque est souvent la plus favorable. Dans d'autres contrées on ne récolte le cacao que quatre fois, ou même deux fois par an. En tout cas, il faut que le fruit soit parfaitement mûr; ce qui se reconnaît à sa couleur rouge ou jaune foncée tachée de rouge, l'extrémité inférieure conservant seule une teinte verdâtre. Un nègre abat les cabosses mûres avec une gaule, un autre les ramasse à mesure qu'elles tombent, et les remet à des femmes et à des enfants, qui les ouvrent pour en retirer les graines avec des spatules en bois.

Les graines subissent ensuite une préparation dont le mode varie selon les pays, mais qui a toujours pour but d'y développer, par un commencement de fermentation, le principe aromatique aux dépens des principes âcres qu'elles renferment au moment où elles viennent d'être cueillies. Le mode le plus usité est le *terrage*. Voici comment il se pratique. On creuse dans le sol des fosses peu profondes; on y jette les graines; on

les recouvre d'une légère couche de sable fin, et on les laisse
ainsi pendant trois à quatre jours, en ayant soin de les remuer
de temps à autre. On les enlève ensuite; on les dépouille de la
pulpe qui les enveloppe, et on les étend au soleil sur des nattes

Récolte du cacao.

de jonc, pour les faire sécher. Lorsque la dessiccation est
complète, on les met dans de grands sacs de toile ou dans des
caisses ouvertes et élevées au-dessus du sol; elles y restent
jusqu'à ce qu'on trouve à les vendre; ce qu'on fait le plus tôt
possible, sans quoi les plus grandes précautions les préserve-
raient difficilement des atteintes des insectes, et principalement
d'une espèce de teigne dite *friande à chocolat,* très commune
dans les pays chauds.

Les principales espèces de Cacaoyer sont : le Cacaoyer commun (*Theobroma Cacao*), qui atteint de 10 à 12 mètres de hauteur : c'est l'espèce la plus répandue dans les Antilles ; — le Cacaoyer de la Guyane (*Theob. Guyanensis*), dont la hauteur ne dépasse pas 5 mètres ; — le Cacaoyer bicolore (*Theob. bicolor*), encore plus petit que le précédent, et qui forme presque des forêts entières au Brésil et dans la Colombie ; — le Cacaoyer à feuilles ovales (*Theob. ovalifolia*), qui est propre au Mexique, et fournit, à ce qu'on croit, le cacao si recherché appelé *cacao royal* ou *soconuzco*.

C'est au Mexique que le Cacaoyer paraît avoir été le plus anciennement utilisé. Lorsque les Espagnols envahirent cet État, ils y trouvèrent la culture du Cacaoyer en grand honneur parmi les indigènes. Ceux-ci préparaient avec ses amandes un mets qu'ils trouvaient délicieux, mais qui sans doute flatterait médiocrement un palais européen : c'était une bouillie de maïs et de cacao, relevée avec force poivre rouge. Le cacao avait d'ailleurs, chez les anciens Mexicains, une importance bien supérieure à celle que nous accordons aux produits alimentaires réputés parmi nous les plus indispensables. C'était pour eux la marchandise-type, dont le débit est toujours assuré, qui n'est exposée qu'à des dépréciations relatives, et qui peut, par conséquent, représenter toutes les autres marchandises. Aussi lui faisaient-ils jouer le même rôle qui appartient en Europe à l'or et à l'argent, à cette différence près que le cacao se mange, tandis que ces métaux ne se mangent point. En un mot, ils se servaient des fèves de cacao en guise de monnaie ; ce qui ne les empêchait point de les consommer lorsqu'elles avaient rempli cet office pendant un certain temps. Lorsque Humboldt visita le Mexique, cet usage existait encore parmi les gens du peuple et surtout parmi les Indiens, et six grains étaient reçus pour la valeur d'un sou.

Les conquérants du Mexique, dominés par la soif de l'or et presque exclusivement occupés d'arracher au sol ses trésors métalliques, négligèrent les ressources que leur offrait, dans

ce fertile pays, le règne végétal. La culture du Cacaoyer perdit
donc beaucoup de son activité. Depuis que le Mexique s'est
constitué en république indépendante, les dissensions civiles
qui l'ont sans cesse agité ont maintenu son agriculture et son

Le séchage du cacao.

commerce dans une situation peu prospère; en sorte qu'aujourd'hui ce pays est très loin de suffire à sa propre consommation, et qu'on y trouve à peine çà et là quelques plants de
Cacaoyers bien entretenus. C'est actuellement sur la côte septentrionale de l'Amérique du Sud, dans les républiques de
Venezuela, de Guatemala, de l'Équateur, du Pérou, du Chili,
au Brésil, à la Trinité, à Cuba, à Haïti et dans les autres

Antilles, que l'exploitation des Cacaoyers se pratique le plus largement et avec le plus de succès.

Si les conquérants du Mexique n'ont pas amélioré dans ce pays la culture du Cacaoyer, ils ont du moins fait subir au *tchocolatl* des Mexicains aborigènes une heureuse métamorphose, en substituant le sucre aux condiments incendiaires qui entraient dans sa composition. Il est probable que |cette innovation contribua puissamment à faire transplanter la Canne à sucre dans les régions intertropicales du nouveau monde.

Longtemps le gouvernement espagnol voulut se réserver exclusivement le commerce du cacao; mais les barrières qu'il essaya d'opposer à l'exportation de cette denrée eurent le sort de toutes les barrières de ce genre. On commença par les tourner; puis on passa par-dessus, et on finit par les abattre; ou plutôt elles tombèrent sous le poids de leur propre impuissance. L'usage du chocolat ne commença que vers le milieu du xviie siècle à se répandre en Europe, et, comme la plupart des substances venant d'outre-mer, il y fut d'abord classé parmi les médicaments, ou du moins parmi les aliments doués de vertus spéciales. Mme de Sévigné le prenait tantôt pour digérer son dîner, tantôt pour « se nourrir et jeûner jusqu'au soir ». « Voilà, écrivait-elle en femme d'esprit, en quoi je le trouve plaisant : c'est qu'il agit selon l'intention. » Mais il se trouva des gens de l'art qui prirent très au sérieux son action sur l'organisme, les uns lui attribuant les propriétés les plus salutaires, tandis que d'autres l'accusaient d'exercer sur la santé une influence funeste. « Moins le cacao est rôti, dit, par exemple, Geoffroy dans sa *Matière médicale,* plus il *nourrit et épaissit les humeurs;* et, au contraire, plus on le brûle, plus il *excite les bouillonnements des liqueurs du corps...* Les hypocondriaques et ceux qui ont les *viscères chauds* doivent s'en abstenir; car le cacao leur est nuisible, de même que toutes les choses butyreuses et huileuses. La graisse de cacao, *quoique grossière,* se divise dans les viscères, *elle s'y exhale et s'y enflamme...* »

Aujourd'hui le chocolat est universellement estimé et recherché comme un aliment très agréable et des plus nutritifs. « Le cacao et le chocolat, dit M. Payen, en raison de leur composition élémentaire, et de l'addition de sucre directement ou indirectement faite avant de les consommer, constituent des aliments respiratoires ou capables d'entretenir la chaleur animale par l'amidon, le sucre, la gomme, la matière grasse qu'ils contiennent. Ce sont aussi des aliments favorables à l'entretien et au développement des sécrétions adipeuses, en raison de la matière grasse (beurre de cacao) qui leur est propre; enfin ils peuvent concourir à l'entretien et à l'accroissement de nos tissus, par les substances azotées congénères, susceptibles de s'assimiler. »

XII

LE CAFÉIER

Le CAFÉIER (*Coffea arabica,* famille des Rubiacées): on dit aussi *Cafier,* mais *Caféier* est mieux; — le Caféier donc est un joli arbre toujours vert. Dans nos serres, sa taille ne dépasse guère 2 à 3 mètres; dans les colonies même elle ne va guère qu'à 5 à 6; mais dans l'Arabie, son pays natal, elle atteint souvent 8 et 10 mètres. Les feuilles du Caféier sont luisantes et d'un beau vert, plutôt petites que grandes, de forme ovale, aiguës à la pointe, ondulées à la base. Ses fleurs, de forme délicate et d'un blanc jaunâtre ou rosé, exhalent un suave parfum, qui a valu à l'arbre qui les porte le surnom flatteur de *jasmin d'Arabie.* Ses fruits sont des baies d'abord vertes, puis rouges, puis noires, de la grosseur d'une cerise, et ressemblant beaucoup, par leur aspect, à ce fruit, dont elles empruntent souvent le nom. Chacune d'elles renferme deux des graines que tout le monde connaît, appliquées l'une contre l'autre et enveloppées par une pulpe gélatineuse d'une saveur agréable. Ce sont ces graines qui constituent le *café* du commerce.

Elles sont dures, cornées et nullement comestibles. L'infusion qu'elles donnent lorsqu'elles sont crues n'a qu'une saveur faible, insignifiante, et n'aurait certes jamais obtenu la faveur dont jouit à juste titre l'infusion des graines torréfiées et moulues. Comment donc, dans quelles circonstances et à quelle époque a-t-on été conduit à griller ces graines, puis à les réduire en poudre pour en préparer une boisson froide ou chaude? C'est ce que nous ignorons absolument.

Le voyageur allemand Léonard Rauwolf paraît être le premier qui ait fait mention du café et de son usage, dans la relation de ses *Voyages en Orient,* mention d'ailleurs assez inexacte. C'était en 1573. Des notions plus satisfaisantes furent données peu de temps après par Prosper Albin, qui avait séjourné en Égypte comme médecin attaché à l'ambassade vénitienne. Ce qui ne peut laisser de doute, c'est que l'emploi du café prit naissance en Arabie, et de là se répandit bientôt dans tous les pays musulmans; qu'en maint endroit et à plusieurs reprises il fut prohibé sous les peines les plus sévères, soit au nom de la religion du Prophète, soit au nom de la politique, peut-être parce que les réunions nombreuses qui se formaient dans les lieux publics, dans le but ou sous le prétexte de savourer cette boisson, donnaient de l'ombrage aux autorités. Mais il en fut du café comme du tabac : les prohibitions et les sévices ne firent qu'accroître sa popularité, et force fut bien à la fin de le tolérer; jusqu'à ce que, la contagion de l'exemple ayant gagné ceux-là mêmes qui l'avaient d'abord mis en interdit, il devînt par tout l'Orient la boisson nationale, remplaçant heureusement, pour les sectateurs de Mahomet, les liqueurs fermentées

dont leur loi fondamentale ne leur permet pas l'usage, et dont
les fidèles s'abstiennent religieusement.

Le café fut introduit en Europe, vers le milieu du xviie siècle,
par des voyageurs revenant du Levant. Les premiers établissements pour le débit de l'infusion de café furent ouverts à
Londres en 1652, à Marseille en 1670, à Paris en 1672; mais
dès 1644 on avait, dit-on, goûté du café à la cour de France.

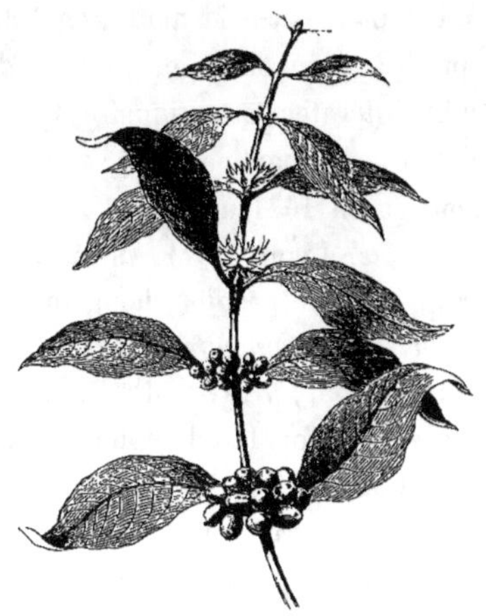

Le Caféier.

Dans une discussion soulevée à l'Académie des sciences, à propos de lettres et de notes attribuées à Pascal, et dont une, datée
de 1652, faisait mention du café, la date exacte de l'introduction de cette boisson en France a été le sujet d'un petit débat
assez curieux. Un homme de lettres très versé dans ces sortes
de choses, M. Éd. Fournier, écrivait : « La première mention
que je connaisse à Paris de l'usage du café se trouve dans la
Muse dauphine du 2 décembre 1666, quatre ans après la mort
de Pascal. » Un autre littérateur d'une grande érudition,
M. P. Faugère, disait : « Ce ne fut qu'en 1669, c'est-à-dire
sept ans environ après la mort de Pascal, que Soliman-Aga,
ambassadeur de Turquie auprès de Louis XIV, introduisit dans

la société parisienne l'usage du café. » Mais M. Chasles, membre de l'Académie, possesseur des lettres et des notes attribuées à Pascal, et plaidant pour leur authenticité, disait : « Qu'on ouvre simplement le Dictionnaire de Bouillet, on y lit : « On prit du café pour la première fois à Venise en 1615, « à Marseille en 1654. (*L'Encyclopédie nouvelle*, de P. Leroux « et Jean Reynaud, dit 1644.) Le voyageur Thévenot l'apporta « à Paris en 1657; mais ce fut l'ambassadeur ottoman Soliman- « Aga qui le mit tout à fait à la mode, en 1669. » Mais voici un document pris dans un ouvrage qui date de près de deux siècles. Un érudit, littérateur et antiquaire, Dufour, né en 1622, qui était en relation principalement avec tous les voyageurs de son temps, composa en 1671 un livre : *De l'Usage du caphé, du thé et du chocolate;* Lyon, 1671, in-12. En 1684, il réimprima cet ouvrage avec de grands changements, sous le titre *Traitez nouveau et curieux du café, du thé et du chocolate,* par Philippe-Sylvestre Dufour, à Lyon, 1685, in-12; achevé d'imprimer pour la première fois le 30 septembre 1684. Je ne connais que cette édition, et j'y lis : « Le café n'a été connu en « France que depuis environ quarante ans, et, si je ne me « trompe, il n'y en a guère plus de vingt-cinq qu'on a com- « mencé à s'en servir. Apparemment il a été pendant plusieurs « années en usage chez les particuliers avant de passer dans la « connaissance du public. » Ainsi, d'après Dufour, le café avait été en usage chez les particuliers environ quarante ans avant 1684, c'est-à-dire vers 1644.

Venise fut seule, pendant longtemps, en possession de fournir à toute l'Europe du café, qu'elle tirait d'Égypte, et qui se payait un prix exorbitant. Les Hollandais entreprirent les premiers de lui faire concurrence, non pas en achetant le café aux Arabes, mais en le cultivant dans leur colonie de Java; ce qui réussit au gré de leurs souhaits. Vers 1705, le bourgmestre d'Amsterdam ou le stathouder des Provinces-Unies lui-même, on ne sait pas au juste, fit présent à Louis XIV d'un pied de Caféier, qui fut aussitôt placé dans une des serres du jardin des

Plantes. Là on entoura l'arbuste de tous les soins imaginables,
et on en obtint quelques boutures. Mais c'était pitié de cultiver
le Caféier dans des serres où les plantes étouffaient faute d'air,
ne puisaient dans le sol artificiel qu'on leur faisait de toutes

Declieux et son Caféier.

pièces qu'une nourriture insuffisante, et manquaient d'espace
pour développer leurs rameaux. Antoine de Jussieu pensa qu'il
serait bien plus sensé de l'envoyer en quelque pays où il retrou-
vât un climat semblable à celui de sa patrie.

La Martinique lui parut offrir les conditions les plus favorables à une première expérience. Un jeune enseigne de vais-
seau, ami de Jussieu, le chevalier Declieux, partait pour cette
colonie. Le botaniste lui confia la plus vigoureuse de ses bou-

tures, en lui recommandant de ne rien négliger pour l'amener saine et sauve à sa destination, et s'en remettant à lui d'en faire, une fois arrivé, l'usage qu'il jugerait le plus profitable.

Declieux promit de veiller sur le frêle arbuste comme sur un enfant malade. La traversée fut longue et pénible. L'eau vint à manquer à bord. Alors, ainsi que cela se pratique en pareil cas, chaque homme, officier ou matelot, fut rationné. Le Caféier n'était pas compris dans la distribution, et il eût péri si Declieux, fidèle à sa promesse, n'eût partagé avec lui sa ration personnelle, et ne fût parvenu ainsi à le conserver. Suivant quelques auteurs, Declieux aurait reçu de Jussieu trois pieds de Caféier, et, malgré tous ses efforts, deux auraient péri pendant la traversée. Quoi qu'il en soit, un seul parvint à la Martinique, et fut le père commun des milliers d'arbres qui ont peuplé depuis les vastes plantations des Antilles et de l'Amérique méridionale.

Le Caféier ne peut prospérer que sous un climat où la température ne descend jamais au-dessous de 10 degrés, et ne s'élève guère au-dessus de 25 ou 30. Il se plaît de préférence dans les terres nouvellement défrichées, et sur le penchant des collines exposées aux rayons du soleil levant. On le sème en pépinière, et les graines lèvent au bout de cinq à six semaines. Les jeunes plants sont soignés pendant quinze mois, puis transplantés dans des trous creusés à trois mètres les uns des autres.

Les Caféiers ne commencent à donner des fruits qu'à l'âge de quatre à cinq ans, et ils en fournissent pendant une trentaine ou une quarantaine d'années.

La floraison du Caféier est permanente; mais c'est surtout au printemps et en automne que l'arbre se couvre de fleurs. Les fruits mûrissent quatre mois après l'éclosion des fleurs. On les cueille à la main. Les récoltes se répètent plusieurs fois dans l'année. En Arabie, la principale a lieu au mois de mai. On secoue les arbres, et les baies mûres tombent sur des toiles étendues à leurs pieds. On les expose au soleil sur des nattes

de jonc pour les faire sécher, puis on brise les enveloppes avec
un cylindre de bois ou de pierre. Les fèves se séparent; on les
vanne, on les nettoie et on les fait sécher de nouveau.

« Des procédés différents, dit M. G. Brunet, sont employés
dans d'autres pays pour débarrasser les fèves du Caféier de la
pulpe qui les entoure. Parfois on entasse les fruits au soleil jusqu'à ce qu'ils soient bien desséchés, et on les remue chaque
jour afin d'éviter la fermentation. Ailleurs on les fait macérer
dans l'eau pendant vingt-quatre ou quarante-huit heures avant
de les faire sécher. La meilleure méthode consiste à *grager* les
cafés. Le *grage* est un moulin à décortiquer; il sépare la graine
de la pulpe sans enlever la mince pellicule qui sert d'enveloppe
immédiate à la graine. On fait ensuite sécher la fève au soleil;
elle acquiert ainsi une couleur verte qui séduit les acheteurs.
Les cafés ne doivent être emballés que lorsqu'ils ont été
complètement desséchés; dans le cas contraire, leur qualité souffrirait d'une façon notable, et ils contracteraient une
odeur désagréable. »

Dans le commerce on distingue les cafés, d'après leur provenance, en un grand nombre d'espèces. Le plus estimé est le
café *Moka*, qui est en petits grains verdâtres, irréguliers, tantôt
allongés, tantôt arrondis. Le *Martinique* et le *Bourbon* sont
d'un usage très général en France, où l'on est dans la coutume de les mélanger. Le *Java* et le *Gonaïve* sont moins estimés.
On consomme aussi des cafés de la Havane, de la Jamaïque,
du Brésil, de la Guyane, etc.

Brillat-Savarin a dit : « L'homme d'esprit seul sait manger. »
Je connais pourtant des gens d'esprit qui ne savent point manger, et des sots qui s'y entendent à merveille : d'autant mieux
qu'ils ne s'entendent point à autre chose. Il serait peut-être
plus juste de dire : « L'homme d'esprit seul sait prendre du
café; » car, pour obtenir du café digne de ce nom, ce n'est pas
tout d'avoir la matière première, il faut savoir s'en servir. Aussi
est-il rare de prendre du café vraiment bon. Je sais un amateur
qui tient note des maisons où l'on est bien servi sous ce rap-

port, et qui n'accepte jamais deux fois à déjeuner ou à dîner dans les autres. Inutile d'ajouter que les premières sont en très petit nombre. Je ne parle pas des établissements publics, des *cafés* et des restaurants, où le café est toujours détestable.

La qualité de cette boisson, en effet, ne dépend pas seulement de celle de la graine qu'on emploie, mais de la façon dont on la traite, et on la traite rarement comme il faut. Le premier point est le degré auquel doit être portée la torréfaction. Beaucoup de personnes croient que le café doit être brûlé *blond*. C'est une erreur : il faut pousser le grillage jusqu'au moment où les graines ont acquis, avec leur maximum de volume, une nuance brune et un aspect luisant dû à l'huile aromatique qui se développe. Moins, ce n'est pas assez; plus, c'est trop. Il faut ensuite moudre le café ni trop fin ni trop gros, proportionner avec précision la quantité de poudre et la quantité d'eau; ne verser celle-ci que bien bouillante, — ou tout à fait froide (le café fait à froid compte des partisans respectables), — et la verser par petites quantités à la fois. Enfin il faut opérer dans des vases en argent ou en porcelaine, jamais dans des cafetières en fer-blanc. Les vrais amateurs sucrent peu leur café : ce qu'ils en aiment, c'est l'arome un peu amer, et ils préféreraient à la rigueur le café sans sucre au sirop dont se régalent beaucoup de personnes.

Le café, comme tout ce qui sort de l'ordinaire, a ses partisans enthousiastes et ses détracteurs systématiques. Les uns en ont fait une boisson essentiellement hygiénique, un stimulant salutaire de toutes les fonctions de l'organisme et, qui plus est, un stimulant incomparable des facultés intellectuelles. Selon d'autres, c'est un poison bien caractérisé, un poison lent, il est vrai, mais dont les effets, pour ne se faire sentir qu'à la longue, n'en sont pas moins inévitables. Il y a évidemment, de part et d'autre, beaucoup d'exagération. La vérité est que le café exerce sur le système nerveux une action excitante très marquée d'abord, mais que l'habitude rend de plus en plus insensible. C'est, si l'on veut, un poison, mais un poison faible,

qui, à moins d'un abus excessif, n'a jamais tué un homme bien
portant, et qui n'a pas empêché certaines personnes, d'un
tempérament délicat, de parvenir jusqu'à une vieillesse avan-
cée. Ses ennemis, — ils deviennent de jour en jour plus rares,
— se sont fondés sur ce qu'il renferme un principe actif, un
alcaloïde très vénéneux, la *caféine*. Mais le même principe ou
des principes tout à fait analogues existent également dans le
thé (la *théine*) et dans le cacao (la *théobromine*); nonobstant
quoi des populations nombreuses font un usage journalier du
thé ou du chocolat, et s'en trouvent à merveille.

C'est que s'il convient de donner le nom de poison à toute
substance qui trouble, dans une mesure et d'une façon quel-
conque, l'équilibre de l'organisme, il ne faut pas oublier non
plus que cette perturbation, lorsqu'elle n'est que légère, et
lorsqu'elle peut corriger une autre perturbation plus fâcheuse,
loin d'être un mal, devient un bienfait. C'est le cas de tous les
médicaments, qui, après tout, ne sont jamais que des poisons
plus ou moins énergiques. Le café, nous l'avons dit, agit
comme excitant particulièrement sur le système nerveux. Il
agite, comme on dit communément, les personnes qui n'y sont
pas habituées; il empêche de dormir; mais ce n'est point là un
mal pour les tempéraments paresseux et engourdis, au contraire. Il est certain d'ailleurs que le café dispose bien au travail, surtout au travail intellectuel : ce qui ne veut point dire
qu'il donne de l'esprit à ceux qui n'en ont pas, ni même, quoi
qu'on ait dit, qu'il en ajoute à ceux qui en ont déjà. L'humanité
n'a pas, depuis qu'elle prend du café, produit plus de grands
esprits qu'elle n'en avait produit avant, et les hommes les plus
remarquables par leur intelligence ou leur imagination ne sont
pas nécessairement ceux qui prennent le plus de café. Je sais
bien qu'on cite souvent Voltaire, qui aimait fort cette boisson.
Un poète a dit, en parlant du café, qu'il manquait à Virgile.
Peut-être Virgile ne l'eût-il pas aimé; en tout cas Virgile n'en
a pas moins écrit l'*Énéide,* les *Géorgiques* et les *Bucoliques*; bien
d'autres, auxquels le café manquait aussi, n'en ont pas moins

légué à la postérité des œuvres impérissables. Et les écrivains médiocres de nos jours auront beau s'inonder de leur prétendue *boisson intellectuelle*, ils ne trouveront jamais au fond de leur tasse le talent et les idées qui leur manquent.

XIII

L'ARBRE A THÉ

Le THÉ est tout à fait voisin du Caféier par ses propriétés. C'est aussi un utile et agréable auxiliaire de l'alimentation, un excitant du système nerveux, un stimulant des fonctions digestives et des fonctions cérébrales. Il peut en outre jouer le rôle d'aliment proprement dit; car il renferme un principe azoté très nutritif, et les peuples de l'Orient, après en avoir bu l'infusion, le mangent bouilli, comme nous faisons des Choux ou des Épinards. Cette sorte de légume n'a pas encore été adoptée par les Européens. Nous n'en sommes jusqu'ici qu'à l'infusion, que nous prenons sucrée et le plus souvent avec *un nuage de lait*, et qui, sous cette forme, est devenue chez plusieurs peuples chrétiens, surtout en Russie, en Angleterre et aux États-Unis, une boisson nationale également en faveur dans toutes les classes de la société. En France, le thé ne fut longtemps accepté que comme médicament. On l'administrait surtout, et on l'administre encore, non sans succès, pour combattre les indigestions et quelques autres maladies de l'estomac et de ses annexes. Ce n'est guère qu'au commencement de ce siècle que l'usage s'est établi chez nous de prendre le thé le matin au déjeuner, et le soir, quelques heures après le dîner, avec accom-

pagnement de petits gâteaux ou de tartines de beurre, selon la
mode anglaise. Encore cet usage est-il restreint aux classes les
plus aisées.

En Chine et au Japon, le thé n'est pas moins populaire que
le café chez les Arabes, et il l'est depuis un temps immémo-

Récolte du Thé.

rial. C'est de là qu'il a passé d'abord en Angleterre, à la fin du
xvii° siècle, puis en Allemagne, en Russie, en France et ailleurs. Moins heureux que le Caféier, l'arbre à Thé n'a pu se
propager en dehors du climat sous lequel la nature l'a placé.
Les essais tentés pour l'acclimater en Afrique et dans les colonies du nouveau monde sont demeurés infructueux; tout ce
qu'on a pu faire a été d'étendre son habitat dans la presqu'île

indoue et dans les îles de la Sonde, et c'est toujours l'extrême Orient qui fournit seul cette denrée au reste du monde.

L'arbre à Thé (*Thea sinensis*, famille des Oxalidées, selon les uns; des Ternstrœmiacées, selon les autres) est un joli arbrisseau rameux, toujours vert, et qui offre quelque ressemblance avec le myrte. Sa hauteur ne dépasse guère deux mètres. Ses feuilles, portées par de courts pétioles, sont dures, d'un vert un peu luisant, longues et dentelées. Ses fleurs naissent ordinairement isolées, quelquefois réunies deux à deux. Son fruit, globuleux, renferme de trois à cinq graines logées chacune dans une cellule. Ces graines, de la grosseur d'une noisette, sont huileuses et d'une saveur amère et nauséabonde.

La culture de l'arbre à Thé est simple. On sème les graines en pépinière, et l'on a soin de faire les semis très épais, parce que la plupart des graines ne donnent aucun résultat. Le terrain qui convient est un sol léger, recouvert d'une couche mince de terre végétale. On peut n'y ajouter aucun engrais [1]; les plants n'ont même pas besoin d'être arrosés, et il faut se garder de les abriter contre les rayons du soleil. L'exposition au sud est la meilleure.

La cueillette des feuilles peut avoir lieu lorsque les arbustes sont âgés de trois ans. Elle se fait en avril, en juin et en juillet. La cueillette d'avril est la moins abondante; mais les feuilles récoltées à cette époque de l'année sont de qualité supérieure. La cueillette de juin est celle qui fournit le plus; celle de juillet ne donne que des produits inférieurs. Quelquefois on fait une quatrième cueillette; mais ce n'est qu'une sorte de glanage. « Un ouvrier exercé arrachant les feuilles une à une, dit M. G. Brunet, peut en ramasser douze à quinze livres par jour. Une plante donne le plus souvent un tiers ou un demi-kilogramme de feuilles; mais il y a, à cet égard, de grandes variations [2]. »

---

[1] Il paraît cependant qu'au Japon les cultivateurs de Thé se servent d'un engrais composé d'anchois desséchés et d'infusion de graines de moutarde. Dans ce pays, les plantations sont établies loin de toute habitation, et même de toute autre culture, afin qu'aucune émanation ne vienne altérer le pur arome du précieux végétal.

[2] *Dictionnaire universel du commerce et de la navigation.*

Le même auteur donne sur les préparations que l'on fait subir aux feuilles de Thé, et sur le commerce de cette denrée en Chine et au Japon, des renseignements que nous ne saurions puiser à une meilleure source.

La préparation du thé est fort délicate; de là dépend toute la valeur de la marchandise. On porte les feuilles dans de grands hangars bien aérés; on les étend en couches minces sur des claies de bambou, et on les y laisse jusqu'à ce qu'elles soient devenues un peu molles. On les fait ensuite sécher sur des plaques de métal chauffées par des fourneaux, en ayant soin de les agiter avec la main, jusqu'à ce que la chaleur soit devenue insupportable. Cette sorte de demi-cuisson fait rendre aux feuilles un suc de saveur âcre et de couleur grisâtre. On les enlève, on les répand sur des nattes ou sur du papier, on les froisse, on les agite dans des corbeilles pour qu'elles s'enroulent sur elles-mêmes, et l'on répète ces opérations jusqu'à ce que toute humidité ait disparu; puis on procède au triage des diverses qualités, au criblage, qui a pour objet de séparer les feuilles des brindilles de bois qui s'y trouvent mêlées, au vannage, qui les débarrasse de la poussière, et enfin à la torréfaction, qui est la partie la plus difficile du travail, car elle doit atteindre, sans le dépasser, un certain point en deçà et au delà duquel la qualité du produit serait altérée.

Les opérations que nous venons d'indiquer s'appliquent à toutes les espèces de Thé; mais il en est d'autres qui se pratiquent seulement en vue d'obtenir le thé noir, lequel ne provient pas, comme on le croit communément, d'une espèce, ni même d'une variété distincte de la plante qui fournit le thé vert. Il n'y a qu'une seule espèce d'arbre à Thé, et les différentes sortes commerciales sont dues, soit, comme il a été dit plus haut, à l'époque de la cueillette ou au triage qui se fait après que les feuilles ont été séchées, soit à des modes différe ntsde préparation. Ainsi les feuilles destinées à faire le thé noir subissent, avant le séchage sur plaque, une exposition au soleil, dont les thés verts sont exempts. Elles sont en outre plus fortement torréfiées, et en dernier lieu elles sont soumises à une opération supplémentaire, l'*étuvage,* qui consiste à les placer dans des paniers de bambou sous des brasiers de charbon, à l'abri de la fumée et des cendres, en les remuant avec la main jusqu'à parfaite dessiccation. Les thés noirs et les thés verts se subdivisent, comme chacun sait, en un très grand nombre de sortes, qu'il n'entre point dans notre plan d'énumérer et de decrire.

« Le Thé est cultivé, dit M. G. Brunet, dans toutes les provinces de la Chine; mais de même que pour les vins chez nous, certaines localités fournissent des produits très supérieurs à ceux qu'on obtient dans d'autres. Autrefois Canton était le seul port ouvert au commerce européen, et les meilleurs thés, venant de l'intérieur de l'empire, avaient à parcourir de très longues distance pour y arriver. L'ouverture de divers autres ports a changé cet état de choses, et Shang-Haï a acquis une grande importance sous ce rapport, grâce à la facilité des communications, par le Yang-tse-Kiang, avec les plantations qui donnent d'excellents thés verts, et qui sont sur les hauteurs du district de Wou-Youen, arrosées par un affluent du grand fleuve que nous venons de nommer.

« Les procédés de culture et de fabrication sont, à peu de chose près, au Japon les mêmes qu'en Chine. On assure que le Japon fournit des qualités supérieures à celles que donne le Céleste Empire. Jusqu'à présent on n'a guère pu en juger; mais si les relations commerciales, prohibées durant des siècles avec la plus grande rigueur, viennent à s'établir avec l'Europe sur un pied régulier, on verra sans doute les provenances du Japon donner lieu à des affaires considérables et faire une rude concurrence aux produits chinois.

Cette concurrence sera surtout à craindre pour les Chinois, et profitable pour les consommateurs européens et américains, si, comme on l'assure, les négociants japonais se montrent plus honnêtes que leurs confrères de l'empire du Milieu. En effet, la *foi chinoise* n'a rien à envier à la *foi punique,* et les marchands de Canton, de Shang-Haï et d'ailleurs ne se font aucun scrupule de recourir, pour tromper et voler les *barbares,* aux artifices les plus déloyaux.

« On mêle, dit encore M. Brunet, des qualités inférieures à celles d'un meilleur choix; on glisse dans le thé des feuilles de divers arbres; on a recours à des substances minérales pour augmenter le poids, pour imiter les espèces recherchées. Pour contrefaire le *young-hyson,* on coupe en morceaux très fins des feuilles de thés inférieurs, et on les tamise avec soin. Grâce au bleu de Prusse et au gypse, au chromate de plomb et à l'indigo, etc., on métamorphose le thé noir en thé vert. Il est des ateliers où l'on a poussé très loin l'art d'imiter les meilleures qualités des crus les plus célèbres, et de rendre une bonne apparence à des thés avariés. Il est donc fort important de s'assurer de la qualité de ce qu'on achète, et de ne s'en rapporter nullement aux Chinois. L'appréciation de la qualité des thés demande une longue pratique et beaucoup d'essais... Dans les maisons européennes qui font des affaires considérables, il existe des laboratoires où les thés dont on propose l'achat sont dégustés, éprouvés, appréciés. Le goût, la couleur, l'odeur, sont, en Angleterre, de la part des *tea-lasters,* l'objet d'un examen aussi attentif, aussi scrupuleusement minutieux que celui auquel sont soumis en France les grands vins de la Gironde ou de la Bourgogne. »

XIV

LA CANNE A SUCRE ET LA BETTERAVE

Les Orientaux prennent le thé et le café purs, de même que les anciens Mexicains mangeaient le cacao en nature, ou même l'assaisonnaient avec des épices. Notre goût, plus délicat, exige que la saveur un peu âcre ou amère du café, du thé, du cacao soit adoucie par l'addition d'une certaine quantité de sucre. Et ce n'est point là, tant s'en faut, le seul usage que nous fassions de cette substance. Le sucre entre dans une multitude infinie de préparations alimentaires ou médicamenteuses; il est l'élément essentiel de toutes celles qui ont pour but de flatter la gourmandise des enfants et des femmes, que même beaucoup d'hommes sérieux sont loin de dédaigner, et que l'on connaît sous le nom générique de *sucreries* : confitures, sirops, bonbons, etc. Si bien que le sucre est presque pour les peuples modernes une denrée de première nécessité, et qu'en songeant combien il est entré profondément dans nos habitudes, on se demande comment l'humanité a pu vivre tant de siècles sans sucre. Il est vrai que les anciens avaient le miel; mais le miel ne vaut pas le sucre. Il est vrai aussi qu'on se passait fort bien autrefois d'une foule de choses que nous considérons maintenant comme indispensables, et qui ne répondent, en réalité, qu'à des besoins factices.

Mais laissons là les considérations philosophiques. Convenons que si le sucre ne nous est pas indispensable, il nous est du moins fort utile, et disons quelques mots des plantes qui nous le fournissent. Mais d'abord entendons-nous : il y a sucre et sucre. Plusieurs fruits, tels que le raisin, les poires, les prunes, doivent leur saveur douce à une espèce de sucre particulière à laquelle on a donné le nom de sucre de raisin, et qui diffère de celui dont nous nous servons. Le lait renferme aussi une espèce de sucre particulière; l'urine des diabétiques en contient une autre encore. Enfin la fécule se transforme, dans certaines conditions, en un sucre qui diffère aussi des précédents : c'est le sucre de fécule, ou *glucose*. Aucun de ces sucres ne possède la saveur agréable du vrai sucre; ils sont aussi moins solubles dans l'eau, et ne peuvent jamais le remplacer que très imparfaitement.

Le vrai sucre, blanc et cristallisable, existe tout formé dans diverses parties de certaines plantes : dans la sève de quelques Graminées, des Palmiers, des Érables; dans les racines ou rhizomes de la Carotte, de la Betterave, du Navet, de la Patate, de l'Asphodèle rameux; dans les fruits non acides tels que la figue, la banane, la châtaigne, le melon, la citrouille; dans les gousses de Légumineuses, dans le nectar des fleurs, etc. Mais on ne l'extrait habituellement que de la Canne à sucre et de la Betterave.

La Canne a sucre ou *Cannamelle* a d'abord été appelée par les botanistes *Arundo saccharifera*, c'est-à-dire *Roseau à sucre*. Son nom scientifique actuel est *Saccharum* (famille des Graminées). Ce nom, en latin, signifie *sucre*. — Quoi! dira-t-on, le sucre a un nom latin! Les Romains connaissaient donc le sucre? — Entendons-nous : ils le connaissaient un peu, comme je ne sais plus quel gueux de comédie connaissait les louis d'or, pour en avoir entendu parler. Les Grecs le connaissaient avant eux, à peu près de la même manière, et c'est à leur langue que les Latins ont emprunté le nom de cette substance. Mais dans l'Inde et dans l'Arabie Heureuse, le jus de la Canne était connu, apprécié et consommé, au naturel, bien entendu; car ces peuples barbares ignoraient l'art de le purifier, de le faire cristalliser et de le raffiner. Ils préparaient, j'imagine, une sorte de *coco* avec la Canne à sucre, comme on fait chez nous avec le bois de Réglisse.

Quant aux Grecs et aux Romains, pour édulcorer leurs boissons, le vin, par exemple, ils avaient recours au miel, dont ils faisaient grand cas et grand usage. Ce fut l'expédition d'Alexandre qui leur révéla l'existence d'un autre miel « obtenu, dit le géographe Strabon, sans le secours des abeilles », et fourni par un roseau propre aux contrées les plus chaudes de l'Asie. Le poète Lucain, qui vivait et qui mourut sous Néron, parle, dans sa *Pharsale,* des peuples « qui boivent le doux suc d'un tendre roseau ». Mais on ne but de l'eau sucrée en Europe qu'à la suite des croisades, d'où, comme on sait, les Occidentaux rapportèrent bien des choses qu'ils n'étaient pas allés chercher. Les Vénitiens en eurent l'étrenne. Ils prirent le sucre pour un médicament, et les médecins d'alors l'administrèrent avec succès à quantité de malades, qui crurent fermement lui être redevables de leur guérison, et qui l'étaient peut-être en réalité, par cela seul qu'ils y avaient foi. On s'est convaincu depuis que le sucre n'est qu'agréable au goût; et loin d'y avoir rien perdu dans l'opinion, il y a beaucoup gagné auprès des personnes, fort nombreuses, pour qui toute substance médicinale est nécessairement répugnante et nauséabonde.

Venise eut bientôt pour concurrents, dans le commerce des sucres, les Portugais, puis les Espagnols. Peu à peu l'on transplanta la Cannamelle dans la Sicile, en Égypte, dans les Canaries, et enfin en Amérique. C'est seulement depuis sa naturalisation dans les colonies du nouveau monde, où elle réussit et se multiplia merveilleusement, que la culture et l'exploitation de cette Graminée ont pris de l'importance.

Le portrait de la Canne à sucre est facile à tracer : qu'on se représente un grand roseau de 3 à 4 centimètres de diamètre, de 2 à 4 mètres de haut, marqué d'espace en espace de gros nœuds, ou plutôt de bourrelets dont le nombre va quelquefois

jusqu'à quatre-vingts, et d'où partent de longues feuilles engainantes à la base, pointues à l'extrémité, d'un vert glauque
varié par la teinte blanchâtre de nervures longitudinales. La
tige, au terme de sa maturité, est jaune, lisse et luisante. Sa
cavité intérieure est remplie d'une sorte de sirop naturel,
qui existe aussi en grande quantité dans la racine. La fleur
se montre à la pointe du chaume, lorsque la plante est âgée
d'un an environ. Elle est blanche, soyeuse et argentée.

Récolte de la Canne à sucre.

Les Cannes à sucre se plantent soit en graines, soit en boutures, dans les terrains riches. Une fois plantées, elles poussent
sans se faire prier, et l'on n'a qu'à les protéger contre les attaques des rats, des fourmis et des vers. Je ne parle pas des
ouragans, des influences atmosphériques ni de la *rouille,* —
maladie à laquelle elles sont sujettes, ainsi que les Céréales,
— ces fléaux étant de ceux contre lesquels l'homme ne saurait
guère lutter. Lorsqu'elles sont mûres, ce qui se voit à la teinte
jaune de leurs tiges et à la chute de leurs feuilles les plus basses,
on les coupe au ras du sol, on les met en bottes et on les porte
au moulin. Il faut, en général, renouveler la plantation après
trois ou quatre coupes.

Les produits qu'on extrait de la Canne à sucre sont au nombre de trois. Le principal est la *cassonade* ou *moscouade*: c'est le sucre brut, tel qu'il nous arrive le plus souvent des colonies pour être raffiné, c'est-à-dire purifié, blanchi et mis en pains. La *mélasse* est le résidu incristallisable que laisse le *vesou* (sirop primitif) après l'extraction de la cassonade. Elle se présente sous forme d'un sirop pâteux, très épais, de couleur brune, d'une odeur particulière, d'un goût que j'aimais fort quand j'étais enfant, et qui, autant qu'il m'en souvient, ressemble assez à celui du caramel. La mélasse est une substance vile, objet du mépris de tous, excepté des écoliers, qui s'en régalent et s'en barbouillent, et des épiciers, qui en mettent dans leurs confitures. Elle est heureusement susceptible d'une transformation qui la rend tout à fait méconnaissable; car, fermentée, elle devient une liqueur fort estimée des colons et encore plus des nègres : le *rhum,* qui, sous le nom de *tafia,* remplace sans désavantage pour eux l'eau-de-vie et les diverses liqueurs de fantaisie qu'on prépare en Europe.

Jusqu'à la fin du xviii° siècle on ne songea point à tirer le sucre des plantes autres que la Canne à sucre. Les colonies fournissaient abondamment à la consommation, et le sucre qu'elles expédiaient en Europe, frappé d'un droit insignifiant, se maintenait au prix assez modéré de dix-huit à vingt sous la livre. Olivier de Serres avait bien, dès 1605, signalé dans la Betterave la présence d'un sucre tout à fait semblable à celui de la Canne; mais les recherches à ce sujet ne furent pas alors poussées plus loin. Elles furent reprises en 1647 par le chimiste allemand Margraff; puis, vingt-cinq ans plus tard, par Achard, de Berlin. Les travaux d'Achard, encouragés par Frédéric II et interrompus par la mort de ce prince, furent connus en France à une époque où la France, étant en guerre avec l'Angleterre et les autres puissances de l'Europe, ne s'approvisionnait pas aisément de denrées coloniales. Le sucre se payait alors 6 francs la livre, et l'idée de créer au sein même du pays une industrie capable de nous fournir cette utile denrée séduisit vivement Napoléon.

La question fut soumise à l'Académie des sciences, et, sur un rapport favorable de la commission nommée par cette compagnie, des essais furent entrepris avec ardeur. De vastes champs situés dans la plaine des Vertus, près de Paris, furent plantés en Betteraves, et les chimistes Barruel et Aimard eurent mission d'extraire le sucre de ces racines. « Si l'on compare, dit M. Victor Denis, les résultats alors obtenus à ceux qu'on réalise aujourd'hui, l'essai ne paraîtra guère encourageant. Le rendement atteignait à peine 2 p. 100 du poids des Betteraves, en moscouade fort commune et d'assez mauvais goût; le prix de revient était évalué à 3 fr. 50 c. le kilogr.; mais on espérait que pour un traitement entrepris sur une plus grande échelle, le rendement pourrait augmenter d'une manière notable, et que le prix de revient du sucre, après raffinage, ne dépasserait pas 1 fr. 40 c. le kilog.

« C'est dans ces circonstances que parut le décret mémorable de 1812, qui instituait des écoles de chimie et des fabriques impériales pour l'extraction du sucre de Betterave. Le gouvernement ordonna la culture de 100,000 arpents de Betteraves, lesquels devaient produire la quantité de sucre nécessaire à la consommation de la France. Des licences, au nombre de 500, étaient accordées à tous ceux qui possédaient des fabriques ou avaient fait des dépenses en vue de la fabrication du sucre. Le sucre indigène était affranchi de tous droits et impositions quelconques pendant quatre ans. On répondit avec empressement à cet appel, et de tous côtés s'élevèrent des fabriques dont les premiers travaux furent bientôt interrompus par les événements de 1814 et 1815[1]. » A la suite de ces événements, l'avilissement du sucre fut tel, que toutes les fabriques naissantes durent suspendre leurs opérations. La sucrerie indigène, créée par l'empire, tombait aussi avec lui. Elle ne se releva plus tard que grâce à une protection excessive qui, en

[1] *Dictionnaire universel du commerce et de la navigation.*

frappant de droits très élevés le sucre exotique, établit forcément entre celui-ci et le sucre indigène une égalité artificielle. Aujourd'hui le perfectionnement des procédés de fabrication, et celui de la plante elle-même, modifiée par une culture habile, permettent d'obtenir le sucre de Betterave à aussi bon compte et d'aussi bonne qualité que le sucre de Canne, et la racine indigène a cessé d'être la rivale de la Graminée des tropiques,

La Betterave.

pour concourir fraternellement avec elle à la satisfaction d'un de nos besoins désormais les plus impérieux.

L'histoire botanique de la BETTERAVE peut se tracer sommairement en quelques lignes. Elle appartient à la famille des Salsolacées et au genre Bette, dont elle est l'espèce la plus intéressante, quoique la plus commune. Ce sont les caractères de sa racine qui servent à en différencier les variétés, au nombre de cinq principales, savoir : la *grosse rouge*, la *petite rouge*, la *jaune*, la *blanche* et la *veinée de rouge*. Le plus souvent la couleur de la racine est en rapport avec celle de la fane. Les semences, prises sur une seule et même plante, donnent toujours naissance à des plantes dissemblables; toutefois les variétés extrêmes, rouge et blanche, se reproduisent d'une manière assez constante. Ces deux variétés sont les plus riches en sucre. La plus pauvre, et en même temps la plus grosse, est la jaune veinée de rouge, appelée aussi *Betterave champêtre* et *Racine de disette*. Celle-ci ne sert qu'à la nourriture et à l'engraissement des bestiaux. Les variétés de Betteraves à sucre se modifient d'ailleurs, et changent de volume et de saveur selon les terrains et les climats. Un sol humide ou trop fumé, une saison pluvieuse ou froide, leur font gagner en grosseur ce qu'elles perdent en principe sucré. Sous ce rapport, les Betteraves cultivées dans les pays chauds ou dans les terrains secs l'emportent sur les autres.

Le sucre de Betterave étant, comme les autres sucres, susceptible de se transformer en alcool par la fermentation, on peut à volonté tirer de la Betterave du sucre ou de l'alcool, suivant que l'un de ces deux produits est plus ou moins demandé sur le marché. Dans un pays riche en vignobles comme la France, on a dû songer d'abord à ne cultiver la Betterave qu'en vue de l'extraction du sucre, et pendant longtemps on n'a tiré de cette racine que des quantités d'alcool insignifiantes. Mais la maladie de la Vigne a donné tout à coup, vers 1853, une grande importance à cette fabrication, et la culture de la Betterave s'en est accrue dans des proportions considérables. Cette culture n'est pas également distribuée sur toute la surface de la France. Si on divise le territoire en cinq régions, du Nord, du Centre, de l'Est, de l'Ouest et du Sud, on trouve que la Betterave est cultivée dans ces cinq régions pour l'extraction de l'alcool, et seulement dans les trois premières pour l'extraction du sucre.

LES PLANTES A ÉPICES

I

LA MOUTARDE

La Moutarde est, de toutes les épices, la plus populaire, et celle dont l'usage remonte le plus haut dans l'antiquité; c'est de plus une plante médicinale; elle doit donc, à double titre, trouver place dans cet ouvrage.

Les graines, farines et préparations connues sous le nom de *moutardes* sont fournies par des plantes appartenant au genre *Sinapis* (famille des Crucifères), qui comprend une quarantaine d'espèces herbacées, bisannuelles, disséminées sur presque toute la surface du globe, mais principalement en Europe, dans le bassin de la Méditerranée. Parmi ces quarante espèces, trois seulement méritent notre attention. Ce sont : la *Moutarde sauvage*, la *Moutarde noire* et la *Moutarde blanche*.

La Moutarde sauvage, ou Moutarde des champs (*Sinapis arvensis*), appelée aussi *Sauve*, croît en abondance dans les jachères, dans les vignes et dans les champs, qu'elle couvre quelquefois en entier d'un beau tapis de fleurs jaunes. Sa tige et ses feuilles sont souvent données comme fourrage aux bestiaux. Sa graine est petite, presque noire, à peu près sphérique, et douée d'une saveur assez forte. Elle n'entre que dans la préparation des moutardes de qualité inférieure, et le mélange de sa farine avec celle de moutarde officinale constitue une fraude contre laquelle les pharmaciens et les droguistes doivent se tenir en garde.

La Moutarde noire, ou *Sénevé* (*Sinapis nigra*), n'est pas moins répandue que la précédente. Elle se plaît dans les terrains pierreux. Sa tige, haute d'un mètre environ, est rameuse et légèrement velue. Ses feuilles, dont la forme diffère selon les variétés, présentent aussi un duvet clairsemé. Ses fleurs sont jaunes et petites. Sa graine est arrondie, d'abord rougeâtre, puis, lorsqu'elle est mûre, brun foncé ou noirâtre, lisse et marquée de ponctuations à peine perceptibles. C'est cette graine qui donne à la plante toute son importance. Entière, elle est sans odeur et sans saveur; mais, réduite en farine et humectée, ou simplement exposée à l'humidité, elle acquiert une odeur et une saveur extrêmement fortes et piquantes, et des propriétés stimulantes très énergiques. La farine de moutarde est verdâtre et présente beaucoup de petits points bruns, dus aux débris des téguments. Le papier dans lequel on l'enveloppe ne tarde pas à se maculer de larges taches grasses, qui finissent par l'envahir en entier. Ces taches sont dues à une huile fixe qui existe en assez forte proportion dans la graine, et qui, une fois exposée au contact de l'air, fait rancir la farine assez promptement. L'huile fixe de moutarde est applicable aux usages industriels. Aussi l'extrait-on dans quelques pays (en Flandre et en Belgique, par exemple) pour la livrer au commerce. Après cette extraction, la farine de moutarde se conserve mieux, et n'a perdu ni son odeur, ni sa saveur, ni ses autres propriétés caractéristiques. Ces propriétés sont dues, en effet, à une huile essentielle qu'on peut retirer de la farine en la faisant digérer quelque temps dans l'eau et en la soumettant ensuite à la distillation.

L'essence de moutarde est très dense et de couleur jaune claire. Elle produit sur la peau une rubéfaction et même quelquefois une vésication instantanée, accompagnée d'une sensation de chaleur intense et persistante. Une seule goutte mise sur la langue y produit l'effet d'une brûlure. On sait que la farine de moutarde noire est souvent employée en médecine sous forme de cataplasmes appelés *sinapismes*. Aussi la désigne-t-on dans la droguerie sous le nom de *moutarde officinale*. C'est aussi avec cette farine délayée dans l'eau, le vinaigre, le moût de raisin, qu'on fabrique dans toute l'Europe la moutarde commune de table.

La Moutarde blanche (*Sinapis alba*) est ainsi nommée par opposition à l'espèce précédente, à cause de la couleur de sa graine, qui est jaune blanchâtre et d'un volume à peu près double de celui de la graine de Moutarde noire. Elle jouit d'ailleurs, à un moindre degré, des mêmes propriétés. Sa saveur est moins âcre, mais non moins piquante. Elle renferme, outre les huiles grasses et essentielles que nous avons signalées dans la précédente, un mucilage qui fait que, moulue et mise à digérer dans l'eau, elle rend, au bout de quelques heures, ce liquide très visqueux. La graine de *Sinapis alba*, réduite en farine, sert à la préparation des bonnes moutardes de table, notamment de la moutarde anglaise, de celle de Dijon et de celles, très nombreuses, que les diverses localités et les divers fabricants livrent au commerce de l'épicerie et des comestibles. Il s'en fait donc, pour cet usage, une immense consommation. En outre, depuis un certain nombre d'années, cette même graine est devenue, au jugement de beaucoup de personnes, un médicament très efficace contre les embarras des voies digestives. Ce nouvel usage, difficile à justifier en théorie, car la graine est prise entière et passe de même sans être digérée, ce nouvel usage, disons-nous, n'en a pas moins accru d'une manière sensible l'importance commerciale de la Moutarde blanche; et comme il est surtout populaire en France, grâce aux réclames pompeuses et souvent répétées que

la spéculation met en œuvre pour le propager, il n'a pas médiocrement contribué à élever, depuis une vingtaine d'années, le
chiffre de nos importations.

Nous avons peu de chose à dire des moutardes préparées.
On sait de quelle réputation universelle jouit la moutarde de
Dijon, analogue, par sa saveur et son aspect, à la bonne mou-
tarde anglaise, qui est aussi très renommée.

Les moutardes du *Vert-Pré*, à l'estragon, à la *ravigote*, etc.,
qui se fabriquent en grande quantité à Paris, se recommandent
par leur saveur plus douce et plus aromatique, et sont préfé-
rées par les personnes qui ont le palais délicat. On peut citer
encore, comme moutardes de bonne qualité, celles qu'on
fabrique dans les départements du Midi en délayant la farine
de moutarde dans du moût de raisin concentré. Ce véhicule,
bien préférable au vinaigre, produit en fermentant un mélange d'alcool, de sucre, de vinaigre et d'acide carbonique,
qui donne au condiment une saveur très agréable. Les ingré-
dients qu'on fait d'ailleurs entrer dans la composition des
bonnes moutardes françaises sont : les anchois, le miel, la
cannelle, le girofle, l'estragon et plusieurs autres plantes aromatiques. Les localités où la fabrication et le commerce de la
moutarde sont le plus florissants sont, après Paris et Dijon,
Châlon-sur-Saône, Beaune, Meursault, Lyon, Bordeaux, Besançon, Boussac (Creuse), Marmande (Lot-et-Garonne), Rouen,
Strasbourg, etc. Ces fabriques sont alimentées par les récoltes
des diverses parties de la France, et par celles de la Belgique
et de la Hollande.

II

LE POIVRIER — LE GINGEMBRE

Nous nous sommes peut-être trompé en disant plus haut que la moutarde est l'épice la plus populaire. Il en est une autre qui jouit d'une faveur plus universelle encore, et dont l'emploi est plus continuel à la fois et plus universel : c'est le poivre. On ne met de la moutarde que dans certaines sauces, on ne la mange en général qu'avec certaines viandes, tandis que le poivre entre comme condiment dans l'immense majorité des préparations culinaires. Ouvrez un livre de cuisine, et vous y lirez presque à chaque page ces mots sacramentels : « Salez et poivrez. » Donc je fais amende honorable au poivre ; c'est lui qui est la plus populaire et la plus utile des épices; mais il n'est point de nos climats, et la moutarde a sur lui, parmi nous, l'avantage de l'ancienneté. Elle est aussi moins rare et moins chère. Il est vrai qu'elle s'emploie à beaucoup plus forte dose; de sorte qu'en somme l'usage du poivre est au moins aussi économique que celui de la moutarde.

Le nom que porte le poivre chez les peuples de l'Europe [1] montre, dit M. de Bleekrode (de Delft), qu'ils ont reçu cette épice par l'intermédiaire des Arabes et des Perses, jusqu'à l'époque où les Portugais, puis les Hollandais et les Anglais ont établi des relations commerciales directes avec les Indes. « Les grains de poivre, en forme de petits pois, sont appelés

[1] En grec πέπερι; en latin *piper ;* en anglais *pepper,* etc.

par les Arabes *fulful* ou *filfil;* ce mot se change, dans la langue des Perses, en *pilpil;* la prononciation des Grecs donne naissance aux dénominations de toutes les nations modernes. La dénomination sanscrite chez les Javanais, usitée aussi à Célèbes, Bali et Lamboc, est la même que celle de Malabar, et nous fait supposer que l'archipel doit la connaissance du Poivrier à l'Asie continentale. Il n'est pas encore certain que le Poivrier noir se trouve à l'état sauvage dans l'archipel Indien; il est natif dans les montagnes occidentales de l'Asie. A Sumatra, le nom malais (*lada,* piquant) rappelle le caractère spécifique de la baie. Aux Philippines, ce mot malais se prononce *lara*[1]. »

Au temps de Pline, la livre de poivre noir valait à Rome 4 fr. 25 cent. de notre monnaie, et le poivre blanc 9 fr. Au moyen âge, le don d'une livre de poivre était reçu avec plaisir, même par de puissants princes. L'empereur Henri V (1104-1125), pour prix de sa médiation entre Venise, Padoue et les autres États de l'Italie, stipula que chaque année, au mois de mars, il recevrait, à titre de tribut, cinquante livres de poivre. Au xiiiᵉ siècle, la ville de Marseille accordait aux couvents une livre de poivre par an. Certains impôts s'acquittaient également sous cette forme : par exemple, les droits de navigation sur le Rhône, l'Isère et le Rhin s'acquittaient pour chaque bâtiment en une livre de poivre.

« C'était aussi une livre de la même épice, dit encore M. Bleekrode, que chaque bateau expédié de Bâle pour Zurich payait à l'arrivée. Plus tard, on a bien renoncé à acquitter ce droit en nature, par suite du changement des mœurs; mais pourtant le nom historique du droit et de l'impôt s'est conservé longtemps en Allemagne dans les expressions *pfeffer geld* et *pfeffer zoll.* Ces faits historiques nous font comprendre l'empressement qui a poussé les premiers navigateurs et commerçants vers les contrées asiatiques, où l'ancien commerce du

---

[1] *Dictionaire universel du commerce et de la navigation.*

Levant cherchait le poivre pour le transporter, par Alep et
Alexandrie, en Europe... Ils nous expliquent comment le commerce de cette épice populaire a été longtemps, nonobstant la
baisse des prix, une affaire d'or...

« Les Portugais trouvèrent le poivre à Cochin, et bientôt ils
allèrent le chercher à Achem, le port de Sumatra où se con-
centrait alors tout le commerce de l'archipel. Ce fut là aussi, et
à Bantau, que s'adressèrent d'abord les Hollandais; mais leurs

Le Poivrier noir.

navires ne tardèrent pas à explorer les côtes qui produisent
cette épice, et à l'y prendre directement. Plus tard, les Anglais
se livrèrent à leur tour à ce commerce.

« Au début de la navigation dans l'intérieur de l'archipel
Indien, le poivre faisait l'objet principal des chargements, non
par la valeur, qui était inférieure à celle des épices plus fines,
telles que la cannelle, les girofles, etc., mais par la masse.
En 1720 encore, aux enchères publiques de la compagnie hollandaise des Indes, 30 p. $^0/_0$ des valeurs réalisées provenaient
du poivre. »

Les épices auxquelles on applique, dans le langage vulgaire et dans le langage commercial, le nom de poivres, proviennent de diverses plantes, qui toutes sont originaires des pays chauds.

Le Poivrier noir (*Piper nigrum,* famille des Pipéracées) est la seule espèce qui donne les baies de poivre proprement dit. C'est une plante sarmenteuse. Ses tiges cylindriques, abandonnées à elles-mêmes, atteignent 6 mètres de hauteur, et, lorsqu'elles grimpent le long des grands arbres, il n'est pas rare de les voir monter jusqu'à une vingtaine de mètres. Mais cet énorme développement des tiges nuit à la fructification, et l'on a soin de l'arrêter à 4 ou 5 mètres, lorsqu'on veut obtenir une abondante récolte de baies. Les feuilles du Poivrier sont coriaces, ovales, acuminées, longues de 11 à 12 centimètres, et d'un vert foncé. Elles sont légèrement aromatiques. Les fruits sont des baies à une seule graine, d'abord vertes, puis rougeâtres, puis noires. Ces baies, moulues avec leur péricarpe, constituent le poivre gris qu'on sert sur nos tables. Le poivre blanc est fourni par les mêmes baies, préalablement décortiquées.

Le poivre doit sa saveur âcre et piquante et son odeur fortement aromatique à une résine et à une huile essentielle particulières. Il renferme en outre un principe cristallisable spécial qu'on a nommé la *pipérine,* une substance gommeuse et une substance extractive, de l'amidon, de l'acide malique, de l'acide tartrique, etc.

Le Poivre a queue ou Cubèbe, qu'on emploie en médecine, est une espèce du même genre que la précédente, et propre comme elle à l'archipel Indien. Son nom de *Poivre à queue* lui vient de ce qu'on trouve toujours dans le commerce les baies munies de leur pédoncule, qui est fortement attaché par des nervures très saillantes.

Le *Poivre de Guinée,* appelé aussi *Poivre rouge, Poivre d'Espagne, Corail des jardins,* est le fruit d'une Solanée, le *Piment annuel (Capsicum annuum),* originaire de l'Inde, mais cultivée généralement en Afrique, en Amérique, en Hongrie, en Espagne et dans le midi de la France. Ce fruit est une baie sèche, longue de 6 à 10 centimètres, grosse comme le pouce, de forme conique, un peu recourbée vers l'extrémité, de couleur rouge vif lorsqu'elle est mûre. Il est divisé intérieurement en deux ou trois loges, qui renferment environ 150 graines d'un blanc jaunâtre. Sa saveur est âcre et brûlante plutôt qu'aromatique. On emploie cette sorte de poivre comme condiment. Lorsque le poivre de Guinée est encore vert, on le fait souvent confire dans du vinaigre auquel il communique sa saveur; c'est le *Pouvron,* usité principalement dans nos départements méridionaux.

Le Poivre ou Piment de Cayenne est analogue au précédent; mais sa baie est plus petite et rétrécie à la base. Le *Capsicum baccatum,* qui produit cette baie, est originaire de la Guyane, et cultivé aussi dans l'Inde et dans l'archipel Indien. Cette épice est douée d'une odeur légèrement aromatique, et d'une saveur tellement brûlante, que peu de personnes peuvent la supporter. C'est avec son péricarpe pulvérisé que les Anglais préparent leur poivre rouge foncé (*deep coloured pepper*), dont quelques grains projetés sur le contenu d'une assiette suffisent pour « emporter la bouche », — qu'on me passe cette métaphore vulgaire. Les Anglais et les Américains sont fort amateurs de poivre rouge. Ils l'emploient même en médecine, et j'ai vu, j'ai goûté des pastilles au poivre de Cayenne — contre le mal de gorge! — Voilà, certes, de l'homœopathie, mais de l'homœopathie héroïque! Je ne dirai pas que ces pastilles guérissent les malades; mais il est certain qu'au moins elles ne les empêchent pas de guérir... et, après tout, qui sait?...

Le *Myrtus pimenta,* arbrisseau des Antilles, dont les feuilles ressemblent à celles du Laurier, et qui porte de jolies fleurs blanches réunies en grappes, fournit encore au commerce une autre espèce de poivre : le Poivre de la jamaïque, ou Piment, ou Poivre giroflé, qui est la graine extraite de sa baie, cueillie encore verte et séchée au soleil. Les *Myrtus pimenta*, cultivés dans les Antilles, et particulièrement à la Jamaïque, se distinguent, selon la grandeur de leurs feuilles, en deux variétés : *longifolia* et *brevifolia*. Ils fleurissent pendant les mois de juin, juillet et août. Si la saison est favorable, un arbre peut, d'après M. Bleekrode, produire 68 kilogr. de baies vertes, qui donnent 45 kilogr. de piment, les baies perdant environ un tiers de leur poids par la dessiccation.

Nous pouvons placer à côté des Poivriers le Gingembre, dont les propriétés sont analogues, bien que ces propriétés résident non dans le fruit, mais dans la racine, ou plutôt dans le rhizome de la plante.

En effet, les Gingembres (*Zingiber*) sont des plantes herbacées, à rhizome tubéreux, rampant et vivace, à tiges annuelles, à feuilles engainantes, à fleurs en épis, composées d'écailles imbriquées et portées sur de courtes hampes radicales. Ce genre, rangé par la plupart des botanistes dans la famille des Amomées ou Amomacées, est pour d'autres le type d'une famille à part, celle des Zingibéracées globées. Les espèces qui le composent sont originaires de l'Inde orientale et des îles Moluques. Celle dont nous avons à nous occuper (le *Zingiber officinale*) a été dès longtemps transplantée au Mexique, puis aux Antilles, à Cayenne et sur les côtes d'Afrique; mais c'est encore l'Inde qui en livre au commerce les plus grandes quantités. Les Antilles, et surtout la Jamaïque, en produisent aussi en abondance.

La consommation du rhizome de Gingembre est assez peu considérable en France; mais les Anglais en font grand usage, ainsi que de toutes les autres épices propres à rehausser fortement la saveur des mets. Le Gingembre a une odeur aromatique et piquante, mais une saveur âcre et chaude. Lorsqu'on le mâche, il provoque une abondante salivation, ce qui le fait employer avec quelque succès contre le mal de dents. Les vinaigriers s'en servent pour la préparation des conserves et pour aromatiser le vinaigre. Il entre comme condiment dans certains ragoûts. Enfin on le prescrit quelquefois, en médecine, comme tonique et excitant.

On distingue dans le commerce deux sortes de Gingembres : le *gris* et le *blanc*. Ce dernier fut importé pour la première fois en France en 1815, lorsque l'affluence des Anglais mit à la mode chez nous la cuisine de leur pays. On n'est point d'accord sur la cause des différences qu'on remarque entre ces deux sortes de Gingembres. Quelques auteurs prétendent qu'elles sont le résultat de la transplantation du végétal, ou de la culture particulière à laquelle il est soumis dans certains pays. D'autres les regardent comme purement artificielles, et dues simplement à ce que le Gingembre gris aurait été plongé dans l'eau bouillante avant sa dessiccation, tandis que le Gingembre blanc serait pelé à l'état frais, puis séché au soleil. Mais l'hypothèse la plus probable est que les deux sortes sont fournies par deux variétés distinctes de l'espèce.

<hr>

III

LE GIROFLIER —— LES MUSCADIERS —— LES CANNELIERS

Les *clous de girofle,* ainsi nommés à cause de la ressemblance de leur forme avec celle des clous métalliques, présentent deux parties distinctes : le bouton floral du GIROFLIER (*Caryophyllus aromaticus,* famille des Myrtacées), bouton qui représente la tête du clou, et le pédoncule ou, comme on dit vulgairement, la queue de ce bouton ; le tout cueilli avant l'épanouissement, et desséché à l'air libre.

Le Giroflier, qui produit cette épice, et un bel arbrisseau toujours vert, originaire des îles Moluques. Lorsque les Hollandais s'emparèrent des possessions des Portugais aux Indes orientales, ils concentrèrent la culture de cet arbre dans les deux îles d'Amboine et de Ternate, et, afin de s'en assurer l'exploitation exclusive, ils forcèrent les naturels à détruire la presque totalité des Girofliers qu'ils possédaient. Heureusement le peu qui en resta suffit pour que plus tard on parvînt à multiplier de nouveau, sur le sol natal, ces arbres élégants et précieux. Mais les marchands conquérants n'en réussirent pas moins à conserver, pendant un certain nombre d'années, le monopole lucratif qu'ils avaient accaparé.

Ce fut notre illustre compatriote le voyageur naturaliste Poivre qui, étant intendant des îles de France et de Bourbon, fut assez hardi et assez heureux pour ravir aux Hollandais le fruit de leur déloyale et tyrannique usurpation. Il expédia aux îles Moluques, en 1769, deux navires dont les capitaines parvinrent, non sans difficultés et sans périls, à se procurer une assez belle cargaison d'arbres à épices, et entre autres des Girofliers, qui, transplantés dans nos colonies, y prospérèrent à souhait, et de là se propagèrent dans les Antilles, ainsi que dans les autres contrées dont le sol et le climat leur étaient favorables. Aujourd'hui les produits du Giroflier sont principalement fournis au commerce par les îles Moluques, par les Antilles et par la Guyane.

Les girofles des Moluques sont aussi appelés *girofles anglais,* parce que la plus grande partie est apportée en Europe par des bâtiments de cette nation. C'est la sorte la plus estimée pour son odeur et sa saveur aromatiques, et pour sa richesse en huile essentielle. Ils sont de couleur brune foncée, et d'un aspect luisant dû à l'exsudation de cette huile, qui leur donne leur saveur et leur parfum. Les girofles de Cayenne sont inférieurs en qualité aux précédents, plus allongés, plus secs, moins aromatiques. Les girofles des Antilles sont les plus grêles de tous; ils se distinguent aussi des autres par leur teinte rougeâtre. Ils sont ordinairement mélangés d'environ 5 pour 100 de leur poids de *griffes de girofles,* c'est-à-dire de brins grisâtres d'une saveur assez marquée, mais contenant beaucoup moins d'huile essentielle que les têtes. Ces brins ne sont autre chose que des pédoncules brisés et séparés de leurs boutons. On les trie souvent pour les vendre à part, et ils servent à la préparation de l'essence dite de griffes de girofle, qu'on mélange avec l'essence de girofle proprement dite.

En outre des clous et des griffes de girofle, on trouve dans le commerce, sous les noms d'*antofles* et de *clous-matrices* (*mother-cloves* des Anglais), les fruits ou drupes du Giroflier, qui sont presque de la grosseur d'une olive, et renferment un noyau dur de couleur noirâtre, marqué d'un sillon longitudinal. Leur odeur et leur saveur sont faibles. On en fait, avec du sucre, une sorte de confiture que, dans les colonies, on mange au dessert, sous prétexte de faciliter la digestion, mais qui malheureusement produit quelquefois un effet tout contraire.

L'écorce et les feuilles du *Caryophyllus aromaticus* sont, ainsi que ses boutons floraux et ses fruits, parsemés de petits réservoirs contenant de l'huile essentielle, et peuvent en conséquence être utilisés, bien qu'avec moins de profit, pour la préparation de cette huile, dont la confiserie, la parfumerie et la pharmacie font une certaine consommation. Mais on n'en reçoit guère en Europe pour cet usage, et l'essence de girofle nous est envoyée des colonies, où on l'obtient sur place, par la distillation des parties de l'arbrisseau qui la renferment.

Les clous de girofle sont, je crois, après le poivre et la moutarde, l'épice dont l'usage est le plus généralement répandu. Les maîtres ès cuisine recommandent fréquemment d'en introduire dans les sauces; et même dans le mets populaire par excellence, dans le classique pot-au-feu, on ne doit pas oublier d'introduire un gros oignon où l'on a planté quatre ou cinq clous de girofle. J'en atteste les prescriptions savantes de M. Raspail relatives à l'hygiène de la table.

La muscade et la cannelle jouissent, comme le clou de

girofle, de l'estime des hygiénistes, et la thérapeutique même ne les dédaigne pas; elles complètent, avec le poivre et le girofle, les *quatre épices,* qui jouaient autrefois un rôle important dans l'art culinaire. La muscade est le noyau du fruit du Muscadier. La cannelle est l'écorce des Canneliers.

Les MUSCADIERS (*Myristica*) forment le genre type de la famille des Myristicées ou Myristacées. Ce sont des arbres ou des arbrisseaux propres aux contrées les plus chaudes de l'Amérique, de l'Asie et de l'archipel Indien. Ils ressemblent aux Lauriers par leur port et leur aspect général. Les espèces qui fournissent les semences connues sous les noms de *muscades, noix de muscades, noix de Banda,* et l'*arille* (enveloppe) de ces mêmes semences, laquelle est appelée vulgairement *macis,* sont au nombre de deux seulement, savoir : le Muscadier aromatique (*Myristica fragrans*), qui donne les *muscades rondes* des Moluques, de Banda et de Cayenne, et le Muscadier sauvage, ou Muscadier mâle, ou Muscadier cotonneux (*Myristica tomentosa,* ou *fatua,* ou *dactyloïdes*), qui produit la *muscade longue* des Moluques.

Parmi les muscades rondes, nommées aussi *muscades cultivées* ou *muscades femelles,* on distingue deux variétés : celle des Moluques et de Banda, qui est la plus estimée, et celle de Cayenne, qui est plus petite et de qualité inférieure.

Le Muscadier aromatique est un bel arbre originaire des îles Moluques, d'où il a été transporté en Asie, dans les Antilles et à la Guyane. On le cultive principalement dans les îles de Banda, d'Amboine, Maurice et de la Réunion.

Son fruit est une baie pendante de la grosseur d'une petite pêche, d'abord verte, puis jaunâtre, marquée d'un sillon longitudinal, et s'ouvrant, lorsqu'elle est mûre, du sommet à la base en deux valves qui laissent voir à l'intérieur la graine revêtue de son arille. Cette arille tient par sa base au hile de la graine et au fond du péricarpe, puis se dirige de la base au sommet en ramifications inégales. Nous reviendrons tout à l'heure sur cette partie du fruit, qu'on trouve dans le commerce séparée de la graine.

Le brou de la noix-muscade est charnu, mais peu aromatique. On le rejette ordinairement. Néanmoins on reçoit quelquefois en Europe des fruits entiers de Muscadier, tantôt con-

Le Muscadier aromatique (*Myristica fragrans*).

fits dans le sucre ou dans l'eau-de-vie, tantôt conservés dans la saumure. La noix-muscade, dépouillée de ses enveloppes, est de forme ovoïde arrondie, grosse comme une aveline ou comme une petite noix, de couleur brune, luisante, glabre, ridée, sillonnée en tous sens. Elle se compose de deux parties. la coque, dont l'aspect est tel que nous venons de le dire, et l'amande, qui est de même forme, et que tout le monde connaît.

La muscade ronde des Moluques arrive ordinairement en Europe dépouillée de sa coque. Elle est recouverte d'une lé-

gère couche de poussière blanchâtre, provenant soit du frotte-
ment des amandes les unes contre les autres, soit de l'eau de
chaux dans laquelle on a coutume de les tremper avant l'emballage, pour les préserver des atteintes des insectes. Malgré
cette précaution, elles sont souvent piquées. Les marchands
dissimulent habilement cette altération en bouchant les trous
avec une pâte faite de muscade et d'huile. D'après M. A. Chevalier, la même pâte aurait servi à fabriquer de toutes pièces
de fausses muscades. On en aurait fait aussi avec une autre pâte,
composée de son, d'argile et de débris de muscade. Mais des
falsifications aussi audacieuses ne peuvent être que fort rares,
et il est permis de révoquer en doute l'assertion de feu
M. Jobard (de Bruxelles), qui prétendait qu'un navire aurait
apporté de Canton, il y a quelques années, toute une cargaison
de fausses muscades « parfaitement imitées *avec du bois blanc* ».

Il paraît que le Muscadier aromatique transporté à la Guyane
y a sensiblement dégénéré, car les muscades rondes de cette
provenance sont peu estimées; le commerce français est,
dit-on, le seul qui les accepte, et encore sont-elles rares sur
nos marchés.

Le Muscadier sauvage, qui produit les muscades longues, est
de plus haute taille que le Muscadier aromatique; ses feuilles
sont plus grandes, et pubescentes en dessous. Ses fruits sont
très allongés et à surface cotonneuse. La noix qu'ils renferment
est aussi de forme elliptique, et se termine en une pointe
arrondie. L'amande est unie, d'un gris rougeâtre à l'extérieur,
marbrée à l'intérieur, moins aromatique et moins huileuse que
la muscade ronde des Moluques, en somme, équivalente à peu
près, pour la qualité, à celle de Cayenne.

Le *macis,* dont j'ai déjà dit un mot, et qu'on désigne quelquefois sous le nom de *fleur de muscade,* est une sorte de
réseau placé immédiatement en dessous du brou de la noix-
muscade, enveloppant cette noix en entier, et se prolongeant
même quelquefois au delà. On sépare le macis de la semence
qu'il tient comme embrassée; on le trempe dans l'eau salée

pour lui conserver sa souplesse et le préserver de la piqûre des insectes et de la moisissure; puis on le fait sécher. Lorsqu'il vient d'être recueilli, il est d'un rouge vif; mais au bout d'un certain temps il brunit et prend l'aspect d'une substance mucilagineuse, épaisse, souple, d'un jaune orangé, douée d'une odeur pénétrante et agréable, d'une saveur âcre, chaude et très aromatique. Il est employé aux mêmes usages que la noix elle-même.

On extrait, par compression, de la muscade et du macis une matière grasse à laquelle on a donné les noms de *beurre*, *d'huile concrète* et de *baume de muscade*. C'est une substance ayant à peu près la consistance du suif, formée d'un mélange d'huile fixe et concrète et d'huile fluide et volatile. Son odeur est très forte et très agréable; sa saveur est chaude, amère et aromatique. Très homogène lorsqu'il est fraîchement préparé, le beurre de muscade devient à la longue grenu et comme cristallin. Il reçoit quelques applications en pharmacie. Il est aussi employé dans la préparation de certains mets d'origine italienne, qu'on mange quelquefois en Angleterre et en Hollande.

Les arbres qui fournissent la cannelle sont encore plus différents les uns des autres que ceux qui donnent la muscade. En effet, les épiciers vendent, sous la dénomination générique de *cannelle*, des écorces provenant de plantes qui n'appartiennent ni à la même espèce ni au même genre. Il faut donc distinguer la *vraie cannelle*, qui est l'écorce du Laurier-Cannelier (*Laurus cinnamomum*), de la *cannelle de Chine, de Sumatra* ou de *Java*, qui est l'écorce du *Laurus cassia*; de la *cannelle de Malabar*, qui est l'écorce du *Laurus malabathrum*; de la *cannelle blanche*, qui est l'écorce du *Canella alba* ou *Winterana canella*; enfin de la *cannelle giroflée*, qui est l'écorce du *Myrtus caryophyllata*.

Le LAURIER-CANNELIER (famille des Laurinées) est un arbre de moyenne grandeur, qui croît dans les îles de Ceylan, de

Maurice et de la Réunion; à Cayenne, où sa culture a pris, depuis une quarantaine d'années, un développement assez considérable; en Chine, en Cochinchine et au Japon; dans les Antilles et dans quelques parties de l'Amérique méridionale; enfin en Égypte, où il a été transplanté avec succès.

Ce laurier atteint une hauteur d'environ 8 mètres, et son tronc a quelquefois 45 et même 50 centimètres de diamètre. Il porte en tout temps de belles feuilles vert clair, à surface luisante, de forme ovale-aiguë, non dentelées, marquées de trois nervures longitudinales très saillantes. Ses fleurs, qui poussent au sommet des branches, sont dioïques, jaunâtres, et forment des espèces de corymbes axillaires. Ses fruits sont des drupes charnues, enchâssées à leur base dans le calice, et ressemblent, par leur forme, au gland du Chêne. Leur couleur est violet foncé. L'écorce de l'arbre, qui constitue la cannelle du commerce, est recouverte d'une épiderme grisâtre; mais elle est d'un jaune rougeâtre à l'intérieur. Voici, en quelques mots, comment on la recueille et on la prépare.

On coupe les jeunes branches de trois à quatre ans; on les roule légèrement pour en détacher la pellicule, puis on incise longitudinalement l'écorce, qui, étant peu adhérente au bois, s'enlève aisément. On la coupe ensuite en morceaux, et on la fait sécher au soleil. C'est par la dessiccation qu'elle se contracte et se roule elle-même. La cannelle vraie possède une odeur agréable et pénétrante qui lui est propre, et une saveur aromatique à la fois chaude, piquante et légèrement sucrée. Elle contient en proportions variables, outre la matière ligneuse de l'écorce, une huile essentielle à laquelle elle doit sa saveur et son parfum, du tanin, de l'amidon, du mucilage, une matière colorante et un acide particulier (l'acide cinnamique).

La *cannelle de Chine* est moins estimée que la cannelle vraie, dont elle se distingue par sa couleur brunâtre légèrement teintée de rouge, par une certaine odeur de punaise, par sa texture fibreuse et surtout par sa richesse beaucoup plus grande en principe mucilagineux. La cannelle de Java et de Sumatra est fournie, comme celle de Chine, par une variété de *Laurus cassia*. On en peut dire autant de celle de Malabar, car le *Laurus malabathrum* est de la même espèce. Cette dernière est une écorce épaisse, brune, large, à peine roulée, d'odeur et de saveur faibles, très mucilagineuse; en somme, de médiocre valeur.

Le Cannelier (*Laurus cinnamomum*).

La *cannelle blanche* est appelée quelquefois *costus doux* et *fausse écorce de Winter*. L'arbre qui la produit est peu connu, et sa place dans la classification botanique est mal déterminée. Cette écorce ressemble à la cannelle vraie par son odeur et sa saveur, bien qu'elle rappelle aussi par ses propriétés le girofle et le gingembre. Son épaisseur varie de 3 à 5 millimètres. Sa face interne est comme marbrée de jaune orangé et de jaune cendré; sa face externe est revêtue d'une pellicule grisâtre. Sa cassure est grenue, et présente des marbrures jaunes et rougeâtres sur un fond gris. Elle vient du Mexique et des Antilles.

La *cannelle-giroflée*, appelée aussi improprement *bois de girofle* et *bois de crabe*, se rapproche, par son aspect et sa couleur, de la cannelle vraie; mais par son parfum et sa saveur elle ressemble au clou de girofle, et peut lui être substituée sans inconvénient, tant dans les préparations pharmaceutiques que dans la parfumerie et dans les diverses branches ou annexes de l'art culinaire. L'arbrisseau qui la produit (*Myrtus caryophyllata*) croît dans les Antilles et dans l'Amérique méridionale.

La cannelle est un des aromates les plus employés pour la préparation des mets de haut goût. Le parfumeur, le confiseur, le chocolatier, le pâtissier, le cuisinier y ont fréquemment recours. En médecine, on l'administre sous diverses formes, mais surtout en poudre, et on l'associe d'ordinaire à d'autres médicaments, tels que la rhubarbe, le *quassia amara,* le *colombo.* Elle est considérée comme tonique, stomachique, antispasmodique, etc. On extrait des différentes espèces de cannelle, mais principalement de la cannelle proprement dite, des huiles essentielles dont on fait souvent usage en pharmacie et en parfumerie.

IV

LES VANILLIERS

La vanille est moins une épice ou un aromate qu'un parfum. Seulement c'est, si l'on peut ainsi dire, un parfum du goût autant que de l'odorat. Elle assaisonnerait fort mal les viandes, et en général les mets salés, et ne se marie bien qu'avec les friandises sucrées. Les confiseurs, les pâtissiers et les artistes culinaires s'en servent pour donner à leurs ouvrages les plus délicats et les plus recherchés cette odeur et cette saveur douces, pénétrantes et persistantes, qui chatouillent si délicieusement les papilles nerveuses des dames, des enfants et de certains gourmets. Les chocolatiers l'incorporent dans les chocolats extra-superfins, quelquefois aussi dans ceux de qualité médiocre, dont elle déguise la fadeur ou l'âcreté. Les parfu-

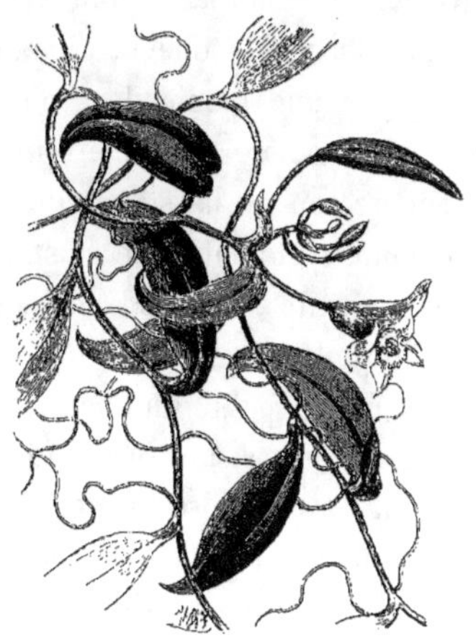

Le Vanillier à feuilles planes (*Vanilla planifolia*).

meurs la font entrer dans la composition de divers cosmétiques, eaux de senteur, pommades, etc. Enfin l'ancienne pharmacopée la rangeait à côté du musc, de l'ambre, du castoréum, parmi les substances auxquelles on attribuait une efficacité d'autant plus grande et plus universelle, qu'elles étaient plus rares, venaient de plus loin et se vendaient à un prix plus élevé.

On la croyait surtout souveraine contre la mélancolie et l'hypocondrie, deux affections dont la cause et les caractères étaient peu connus, et que les docteurs d'autrefois ne manquaient guère de mettre en avant lorsque leur diagnostic se trouvait en défaut. Hypocondrie, mélancolie, âcreté des humeurs, engorgement du foie ou de la rate, cela répondait à tout; et comme, après avoir défini tant bien que mal la maladie, il fallait prescrire quelque remède, lorsqu'on avait purgé, saigné et clystérisé le malade, on lui ordonnait, pour le consoler et le ragaillardir, quelque chose qui flattât sa gourmandise : la vanille, par exemple. « Quoiqu'on ne mâche pas habituellement la vanille, dit Alibert dans sa *Pharmacopée*, il n'est pas moins vrai que les substances alimentaires dans lesquelles elle entre comme condiment sont très propres à exciter l'action de la salive. La mélancolie et l'hypocondrie sont souvent caractérisées par une atonie des voies digestives; c'est alors que ce précieux aromate paraît convenir. »

De nos jours encore, on ne laisse pas de considérer généralement la vanille comme stomachique et stimulante; mais ces vertus ne sont pas incontestables. Je connais, pour ma part, des estomacs sur lesquels cet aromate, tout précieux qu'il est, n'exerce pas, à beaucoup près, une action aussi salutaire, et qui même ne parviennent pas sans peine à le digérer.

Quoi qu'il en soit, et en laissant de côté ses prétendues vertus médicinales, la vanille n'en est pas moins, parmi les produits des régions tropicales, un de ceux qui ont le mieux réussi auprès de la sensualité européenne, et qui ont conquis par suite, dans l'agriculture coloniale et dans le commerce, une des places les plus importantes. C'est donc une denrée qui mérite considération, et qui peut passer pour utile, puisqu'elle est une source de richesse pour les planteurs des pays dont le climat lui est favorable, et pour les négociants des deux mondes. Sa culture est facile et peu coûteuse; sa préparation seule exige du travail et des soins, et c'est là réellement ce qui porte à un taux si élevé la valeur commerciale de la vanille; mais comme ce produit trouve toujours sur les marchés un écoulement facile et rémunérateur, il n'y a pas lieu de s'effrayer des difficultés, qui disparaissent peu à peu devant l'expérience.

Les botanistes ne sont pas parfaitement d'accord sur la place qu'il convient d'assigner, dans la série des végétaux, à la plante ou plutôt aux plantes qui donnent la vanille. Il paraît cependant démontré que cette gousse parfumée n'est pas, comme on l'a cru longtemps, le fruit d'une seule espèce, mais qu'il existe, dans l'Asie tropicale et dans l'Amérique centrale et méridionale, plusieurs espèces différentes de Vanilliers, qu'on peut réunir toutefois en un seul genre, le genre *Vanilla*, famille des Orchidées. Tous ces Vanilliers sont des plantes grimpantes, qui croissent dans les fissures des rochers ou entre les racines des arbres, et s'élèvent souvent, en rampant le long de leurs flancs et de leurs troncs, à des hauteurs considérables. Les Vannilliers portent des feuilles oblongues, de grandes fleurs disposées en épis, et enfin des fruits où se réunit le parfum quintessencié que la plante élabore dans ses tissus. Ces fruits sont des siliques ou capsules très allongées, à parois épaisses et charnues, contenant une pulpe aromatique à laquelle adhèrent des milliers de petites graines presque imperceptibles. C'est cette pulpe qui est proprement la vanille : le reste du fruit n'en est que l'enveloppe.

Mais la nature n'a pas fait à toutes les espèces du genre *Vanilla* l'honneur de déposer dans leurs fruits cette substance merveilleuse qui, mieux encore que le cacao, mériterait le nom d'ambroisie ou *theobroma*. Quelles sont celles qui jouissent de ce privilège? Linné ne l'avait accordé qu'à l'*Epidendrum vanilla*; Swartz, dans sa *Flore des Indes occidentales*, attribue aussi la vanille parfumée à la même espèce, qu'il appelle *Vanilla aromatica*; et presque tous les auteurs qui depuis lors ont écrit sur la vanille n'ont pas manqué de répéter invariablement, sur la foi de deux savants aussi respectables, que la vanille est la gousse du *Vanilla aromatica* (Swartz) ou *Epidendrum vanilla* (Linné). M. Guibourt lui-même, dans son excellente *Histoire naturelle des drogues simples*; M. A. Chevalier, dans son *Dictionnaire des falsifications*, et M. G. Brunet, dans son article *Vanille*, du *Dictionnaire universel du commerce et de la navigation*, n'ont point dit autre chose, bien qu'antérieurement à la publication de ces ouvrages, M. P. Duchartre eût discuté et résolu, autant qu'on pouvait le faire, la question de l'origine des vanilles du commerce.

M. Duchartre fait remarquer que la *Vanilla aromatica* ne croît que dans l'Amérique méridionale, notamment au Brésil, tandis que la vanille du commerce provient originairement du Mexique. Il cite l'opinion de M. Lindley, qui a étudié tout spécialement les Orchidées, et qui ne croit pas qu'aucun des Vanilliers du Brésil fournisse la substance connue dans le commerce, ni que la *Vanilla aromatica* ait aucun rapport avec cette substance. C'est donc au *Vanilla* du Mexique qu'il conviendrait de la rapporter. Or la plus connue de ces Orchidées est le Vanillier à feuilles planes (*Vanilla planifolia*), dont la tige peut s'allonger, en grimpant, dans des proportions énormes; dont les feuilles, oblongues-lancéolées, sont plates et marquées de stries légères, les fleurs d'un blanc verdâtre, les fruits presque cylindriques et longs souvent de 1 à 2 décimètres.

Le Vanillier à feuilles planes s'est très bien acclimaté à Ceylan, dans les îles de l'archipel Indien, à Maurice et à la Réunion; et non seulement il croît à merveille dans nos serres chaudes, mais encore il y donne des produits de qualité supérieure. Un botaniste de Liège, M. Morren, a même démontré la possibilité d'établir en Europe des vanillières d'un très bon rapport. Il est très probable, selon M. Morren et M. Duchartre, que c'est le *Vanilla planifolia* qui fournit presque toute la vanille du commerce. On a bien signalé les fruits de deux autres espèces, les *Vanilla sylvestris* et *sativa,* comme étant souvent mêlés dans les caisses à ceux du *Vanilla planifolia;* mais ces deux espèces sont mal définies, et l'on n'est pas bien sûr qu'elles se distinguent nettement de la première.

On sait que la vanille est originaire du Mexique et que la totalité de ce qui s'en consommait en Europe venait autrefois de ce pays. Aujourd'hui la culture du Vanillier est, comme celle du Cacaoyer, très négligée au Mexique. Au temps où Humboldt et Bonpland le visitèrent, on y récoltait la vanille sur une étendue de quelques lieues carrées. « Toute la vanille que le

Mexique fournit à l'Europe, dit l'illustre voyageur, est recueillie
dans les deux intendances de Vera-Cruz et d'Oaxaca. Cette
plante abonde principalement sur la pente orientale de la Cordillère d'Anahuac, entre les 19° et 20° degrés de latitude. Les

Récolte de la vanille.

indigènes ayant reconnu de bonne heure combien, malgré cette
abondance, la récolte était difficile à cause de la vaste étendue
de terrain qu'il fallait parcourir annuellement, ont propagé
l'espèce en réunissant un grand nombre de plantes dans un
espace trop étroit. Cette opération n'a pas exigé beaucoup de
soin. Il a suffi de nettoyer un peu le sol, et de planter deux
boutures d'*Epidendrum* au pied d'un arbre, ou bien de fixer les
parties coupées de la tige au tronc d'un *Liquidambar,* d'un

Ocatea ou d'un *Piper* arborescent... Chaque bouture donne un fruit à la troisième année. On compte, pendant trente à quarante ans, jusqu'à cinquante gousses par pied, surtout si la végétation de la vanille n'est pas arrêtée par la proximité d'autres lianes qui l'étouffent. »

Dans la province de Vera-Cruz, les districts célèbres par le commerce de la vanille sont ceux de Misantla, de Papantla, de Santiago et de San-Andres-Cuxla.

Les Indiens de Misantla récoltent la vanille dans les forêts et les montagnes de Giulate. La plante fleurit dans les mois de février et de mars. La récolte commence en mars ou en avril, et dure jusqu'à la fin de juin. Elle est faite dans les forêts par les Indiens, qui vendent la vanille fraîche à la *gente de razon*. On désigne ainsi les individus, tous blancs, métis ou mulâtres, qui possèdent et exploitent le secret du *beneficio de la baynilla*, c'est-à-dire l'art de sécher la vanille en lui conservant un lustre argenté, de la ficeler et de l'emballer pour le transport en Europe. Ils étendent les fruits jaunes sur des toiles, et les exposent au soleil pendant quelques heures; puis, lorsqu'ils les jugent assez secs, ils les enveloppent dans des couvertures de laine pour les *faire suer*. La vanille noircit alors, et l'on achève de la sécher en l'exposant encore pendant une journée entière à l'ardeur du soleil. Lorsque le temps est pluvieux, les habitants de Misantla et de Calipa ont recours à la chaleur artificielle. Ils étendent les gousses sur une toile de laine fixée à une sorte de cadre ou de châssis en roseau qu'ils suspendent à une assez grande hauteur au-dessus du feu. Ils impriment au châssis un léger mouvement pour empêcher que les gousses ne soient saisies, ou la laine elle-même roussie ou brûlée. Il faut, à ce qu'il paraît, de grands soins pour sécher la vanille par cette méthode, qui est appelée *beneficio de pascoyol*.

Dans quelques localités, on humecte à plusieurs reprises les gousses avec de l'huile de noix d'Acajou pour les préserver de la moisissure, et on les attache avec des fils d'*abace* pour les empêcher de s'ouvrir. En tout cas, la dessication s'arrête lorsque les gousses ont pris une couleur brune foncée, et qu'elles se sont recouvertes de stries argentées, formant une sorte de *givre* dû à l'exsudation de l'acide benzoïque contenu dans la vanille. La préparation terminée, on plie les gousses en deux, on les lie en paquets qu'on enveloppe de papier huilé, et on les enferme dans des boîtes de fer-blanc pour les expédier.

D'après Humboldt, on distingue au Mexique la vanille en quatres classes ou qualités : la *baynilla fina,* le *zacate,* le *reza-cate* et la *basura.* Chacune de ces sortes est ficelée d'une manière différente. En France, le commerce admet trois sortes principales de vanille : la *plate,* la *ronde* et le *vanillon.* Chacune de ces sortes se subdivise en *longue, moyenne* et *courte.*

Le prix de la vanille varie, selon la qualité, de 100 à 200 fr. le kilog. C'est donc une substance précieuse dans toute l'acception du terme, et sa valeur énorme est, on le conçoit, un appât puissant pour les falsificateurs. Suivant M. A. Chevalier, on givre artificiellement les vanilles sèches et de mauvaise qualité en les roulant dans de l'acide benzoïque en petits cristaux, afin de leur donner l'apparence des vanilles riches en principes aromatiques. On rend aussi aux vanilles altérées l'apparence, la souplesse et, jusqu'à un certain point, le parfum des bonnes vanilles, en les enduisant de mélasse ou de caramel, et en les frottant avec un peu de baume de Tolu ou de baume du Pérou. On recolle avec de la gomme et du caramel les gousses qui se sont ouvertes pendant le transport, et que cette circonstance ferait rejeter comme éventées. Dans tous les cas, on a soin de placer les gousses ainsi travaillées au centre des paquets.

On a signalé une fraude encore plus audacieuse, et qui n'est malheureusement pas rare. Des gousses de vanille ayant servi aux parfumeurs ou aux liquoristes, et dont l'arome a été enlevé par la macération dans l'esprit-de-vin, sont vendues à des industriels qui les enduisent de baume du Pérou, et les revendent aux petits marchands, aux épiciers peu connaisseurs ou peu scrupuleux.

L'expérience, aidée d'un odorat fin, est le meilleur guide pour aider les acheteurs à reconnaître ces diverses sophistications, qu'il est très difficile de constater avec certitude par des procédés chimiques.

LES BOIS

L'homme a emprunté au règne végétal ses premiers abris, ses premières armes, ses premiers outils, et, ce qui est peut-être plus important encore, le premier moyen d'obtenir artificiellement la chaleur et la lumière.

Les progrès de la civilisation n'ont fait que lui révéler, dans cette mine inépuisable et toujours à sa portée, de nouvelles et précieuses ressources. La matière solide et résistante, et pourtant facile à travailler et à façonner, qui constitue le tronc et les branches des arbres, — le *bois*, en un mot, — lui fournit aujourd'hui non seulement une substance combustible qui ne devra jamais lui manquer, puisqu'elle se reproduit incessamment par la végétation, mais des matériaux dont les arts de luxe, non plus que les arts utiles, ne sauraient se passer. Nous ne pouvons donc nous dispenser de jeter ici un coup d'œil sur les espèces végétales, ou, pour nous servir du terme technique, sur les *essences* dont le bois est le plus avantageusement employé, soit pour le chauffage, soit pour les constructions ou pour les ouvrages de menuiserie et d'ébénisterie.

I

LE CHÊNE — LE TAN — LES NOIX DE GALLE — LE LIÈGE

Le Chêne (*Quercus,* famille des Cupulifères) est un des plus beaux arbres des climats tempérés. Les proportions gigantesques auxquelles il peut atteindre en vieillissant, la vigueur avec laquelle il résiste aux injures du temps, la majesté de son port, peut-être aussi les services qu'il nous rend, lui ont fait décerner le titre de roi de nos forêts. Il fut, d'après la tradition, l'un des premiers nourriciers du genre humain. Les poètes de l'antiquité nous montrent les hommes de l'âge d'or faisant leur principale nourriture des glands qu'ils cueillaient sur ses branches ou qu'ils ramassaient à terre :

> *Arbuteos fœtus montanaque fraga legebant,*
> *Cornaque et in duris hærentia mora rubetis,*
> *Et quæ deciderant patula Jovis arbore glandes.*
>
> (OVIDE.)

Les Grecs et les Latins, ainsi que les Gaulois et les Germains, avaient consacré le Chêne à leur grand Dieu : Zeus, Jupiter, Teutatès. Au milieu de la forêt de Dodone, en Épire, s'élevait un temple dont la construction remontait, dit-on, à l'époque des Pélasges, et près de ce temple un Chêne immense qui rendait des oracles. Le bruissement de son feuillage, le chant des oiseaux qui venaient se percher sur ses rameaux, le tintement des vases d'airain qu'on y suspendait, étaient interprétés par une prêtresse devant qui rois et peuples s'inclinaient avec vénération. En Gaule, la druidesse cueillait sur le Chêne, avec une serpe d'or, le Gui sacré ; l'autel de pierre était dressé sous l'arbre, et là s'accomplissaient les sacrifices humains par lesquels ces peuples à demi sauvages croyaient s'assurer les bonnes grâces de leur divinité sanguinaire. Pour les Grecs et les Romains, le Chêne était l'emblème de la force et de la vertu : une couronne de chêne était la récompense des citoyens qui avaient bien mérité de la république.

Considéré au point de vue de son utilité, le Chêne occupe encore le premier rang parmi les essences de nos contrées. Il est un des plus beaux ornements de nos forêts. Son bois dur, compact, incorruptible, excellent pour le chauffage, est préféré à tout autre pour les constructions civiles et pour les constructions navales. La menuiserie en fait journellement usage, et les meubles en Chêne sculpté ont repris depuis un certain nombre d'années, auprès des gens de goût, toute la faveur dont ils jouissaient au moyen âge et à l'époque de la Renaissance.

C'est le Chêne commun, à fleurs sessiles, ou Chêne rouvre (*Quercus robur, Q. sessiliflora*), dont le bois est le plus généralement employé. Le Chêne pédonculé ou Chêne blanc (*Q. pedonculata*) est moins estimé.

L'un et l'autre abondent en France, dans la Grande-Bretagne et dans toute l'Europe centrale. Les glands de ces deux espèces ont une saveur âcre et désagréable, qui les rend impropres à la nourriture de l'homme, et les fait rejeter même par les animaux sauvages dont le goût est délicat, notamment par les écureuils ; mais les sangliers et les porcs en sont avides. Dans le midi de l'Europe, on trouve des espèces, telles que les *Quercus ilex, ballota et æsculus,* dont les glands sont doux, et partant comestibles. La farine qu'on en tire est, dit-on, la base de la préparation connue sous le nom de *racahout des Arabes,* et ces mêmes glands, torréfiés et moulus, donnent une infusion légèrement amère et aromatique, que beaucoup de personnes prennent en guise de café.

L'écorce de Chêne renferme en forte proportion un principe astringent, le *tanin,* qui existe aussi dans le bois du même arbre, dans les écorces de Sapin, de Hêtre, de Châtaignier, de Sumac, dans les *noix de galle,* dont nous allons parler tout à l'heure, et dans plusieurs autres substances végétales. Le tanin a la propriété de coaguler et de durcir l'albumine, la fibrine et la gélatine, de transformer les peaux en cuirs, en les rendant imperméables et imputrescibles, et de former avec l'oxyde de fer un composé (*tannate de fer*) qui est d'un noir intense. Sur ces propriétés reposent, d'une part l'opération du tannage des peaux, d'autre part la préparation de l'encre à écrire et de certaines teintures noires. Pour le tannage des peaux on se sert des écorces moulues de Chêne, de Hêtre, etc., qui constituent le *tan.* Pour la fabrication de l'encre et pour la teinture, on a plutôt recours aux noix de galle. C'est également des noix de galle qu'on extrait le tanin destiné aux expériences du laboratoire, aux opérations chimiques et aux usages pharmaceutiques.

On désigne généralement sous le nom de *galles* ou *noix de galle* des excroissances anormales produites sur diverses parties de certains végétaux, notamment sur les feuilles et sur les glands de Chêne, par la piqûre d'insectes du genre *Cynips* ou de celui des *Pucerons.* Cette piqûre, accompagnée du dépôt d'un ou de plusieurs œufs et de l'effusion d'une liqueur âcre, détermine sur le point attaqué un extravasement des sucs végétaux, et par suite la formation de ces excroissances qui doivent servir à la fois d'abri et de nourriture aux larves jusqu'à leur métamorphose en insectes ailés.

.Malgré leur origine, les galles sont des substances essentiellement végétales; elles ne contiennent que les principes immédiats de la plante sur laquelle elles se sont formées. On conçoit donc que leur composition varie suivant l'espèce de cette plante; mais ce qui est moins compréhensible, et cependant bien constaté, c'est que, comme l'ont observé Réaumur et M. Gribourt, l'espèce de l'insecte influe beaucoup sur leur

forme et leur constance; si bien que de plusieurs galles formées par différents insectes sur une même plante, sur une
même feuille, les unes seront constamment dures et ligneuses,
d'autres seront spongieuses, d'autres enfin molles et remplies
d'une liqueur plus ou moins fluide.

Les galles se composent principalement de tanin, d'acide
gallique, de mucilage et d'un peu de carbonate de chaux. On
les récolte ordinairement vers le milieu de juillet, parce qu'a-
lors elles renferment encore l'insecte, ce qui est, aux yeux des
commerçants et des industriels, l'indice d'une bonne qualité.
Les plus employées sont celles qui prennent naissance sur le
Chêne à galle ou *Chêne des teinturiers* (*Quercus infectoria*[1]), par
suite de la piqûre du *Cynips gallæ tinctoriæ*. La femelle de cet
insecte perce, à l'aide d'une tarière dont son abdomen est
pourvu, les bourgeons à peine formés des jeunes rameaux, et
dépose un œuf dans la blessure. Le bourgeon, dénaturé par la
présence de cet œuf, se développe d'une manière particulière
et forme un corps à peu près sphérique, qui ne retient plus de
sa forme primitive que les aspérités correspondant aux pointes
des écailles cornées. Le Chêne à galle est originaire de l'Asie
Mineure, et les noix de galle les plus estimées nous arrivent
d'Alep et de Smyrne. Il en vient aussi de la Grèce, de la Hongrie, de l'Istrie et du Piémont.

Il me reste à dire quelques mots d'une autre matière dont on
tire grand parti dans l'industrie et dans l'économie domestique,
et qui est aussi fournie par une espèce du genre Chêne. Cette
matière est le *liège,* si remarquable par son extrême légèreté,
par son élasticité et par sa texture particulière, qui, quoique
très poreuse, ne l'empêche pas, lorsqu'il est sain et de bonne
qualité, d'être parfaitement imperméable aux liquides, et même
aux vapeurs et aux gaz.

L'aspect et les propriétés du liège sont, du reste, trop con-

---

[1] Pourquoi *infectoria*? Il semble que *tinctoria* serait plus rationnel. C'est une
remarque que je soumets en toute humilité aux botanistes lexicographes.

nus pour qu'il soit besoin de nous y arrêter; mais il n'en est pas de même de son origine, que ces caractères mêmes ne font nullement deviner. Le liège est le résultat du développement hypertrophique que prend la couche corticale sous-épidermique du *Chêne liège (Quercus suber)*, espèce voisine du *Chêne yeuse* ou *Chêne vert,* et qui croît principalement en Espagne, en Italie, dans le nord de l'Afrique et dans le midi de la France. Cet arbre commence à fournir du liège à l'âge de 12 à 14 ans; mais le produit des premières années est très poreux, d'une texture inégale, et ne peut guère servir qu'à faire des bouées et d'autres objets grossiers, et à fabriquer le *noir d'Espagne,* qui n'est autre chose que du liège brûlé en vase clos. Ce n'est qu'à l'âge de 25 ans que le *Quercus suber* se revêt d'une écorce bonne à faire des bouchons. La récolte a lieu tous les huit ou dix ans, aux mois de juillet et d'août. On fait en haut et en bas du tronc deux incisions circulaires, qu'on réunit par une troisième incision perpendiculaire. Ces incisions ne doivent point entamer le *liber,* mais seulement le tissu cellulaire, qui constitue le liège proprement dit, et qui se reproduit en peu de temps, de sorte que le même arbre peut donner ainsi dix ou douze récoltes.

Dès que cette partie de l'écorce est enlevée, on l'étend dans l'eau et on la charge de poids pour la redresser et lui donner la forme de grandes plaques; puis on la sèche très lentement, afin de lui conserver sa flexibilité. On obtient ainsi ce qu'on nomme dans le commerce le liège en *tables* ou en *planches.* Ces tables ont ordinairement 1 m. 50 de long sur 0 m. 60 de large. Leur valeur est en raison de leur épaisseur, qui varie de 0 m. 20 à 0 m. 50, de leur homogénéité et de la finesse de leur grain. Elles sont naturellement revêtues d'une croûte noirâtre, dure, rugueuse et gercée, qu'on enlève ordinairement avec la râpe avant de la façonner.

On sait que la principale application du liège consiste dans la fabrication des bouchons. S'il faut en croire Beckmann, les Grecs et les Romains connaissaient cet emploi, bien qu'il ne

fût pas généralement pratiqué. Mais l'usage des bouchons de
liège ne s'est répandu qu'au xvii° siècle, avec celui des bouteilles de verre, dont il n'est fait mention nulle part avant le

Récolte du liège.

xv° siècle. On fait aussi avec le liège des bouées, des flotteurs et
d'autres ustensiles ou pièces d'appareils exigeant de la légèreté.
Enfin les rognures, râpures et déchets de liège servent à fabriquer, ainsi que nous l'avons dit plus haut, le noir d'Espagne,
qui est un charbon très léger, d'un très beau noir et d'un excellent usage pour la peinture.

II

LE HÊTRE — L'ORME — LE FRÊNE — LE SAPIN
— LE PIN — LE CÈDRE
— LE GENÉVRIER — LE NOYER — LE BUIS

Le Hêtre (*Fagus*) et le Charme (*Carpinus*) sont deux beaux arbres très communs en Europe, appartenant, comme le Chêne, à la famille des Cupilifères, et fournissant aussi des bois durs et compacts très bons pour le chauffage (le second surtout), et employés par les charpentiers, les boisseliers et les tourneurs.

L'Orme (*Ulmus*, fam. des Ulmacées) et le Frêne (*Fraxinus*, fam. des Oléacées) sont préférés par les charrons, les carrossiers et les fabricants d'outils. Mais aucun de ces arbres n'égale en importance le Sapin, qui peut seul être placé à cet égard sur la même ligne que le Chêne.

Les Sapins constituent, dans la classe des Conifères et dans la famille des Abiétinées, un genre composé d'arbres à feuillage persistant, d'un vert sombre, à tronc droit, à cime pyramidale, à fruit ligneux, conique, à écailles planes. L'espèce la plus commune de ce genre est l'Épicéa (*Abies excelsa*), qui atteint souvent une hauteur de 40 mètres, et forme dans plusieurs parties de l'Europe, notamment sur les flancs des hautes montagnes, d'immenses forêts. Le bois de Sapin n'a pas la dureté et la densité du Chêne; sa valeur vénale est aussi beaucoup moindre; mais c'est précisément à cause de cela que son emploi est plus général. Il convient parfaitement pour les char-

pentes légères et pour les ouvrages de menuiserie. Il a d'ailleurs l'avantage de se débiter en planches très droites et très
unies, et de se travailler avec une extrême facilité. Il doit
d'ailleurs à la résine dont il est imprégné la propriété de se

Le Pin de Corse.

conserver très longtemps dans l'eau, ce qui, joint à sa légèreté
et à son élasticité, le fait employer avec avantage dans les
constructions navales. On s'en sert aussi dans les constructions
hydrauliques, et c'est avec des Sapins que les Hollandais ont
élevé les fameuses digues qui les préservent de l'invasion de
l'Océan.

Le bois de Pin (*Pinus,* même famille) présente à peu près
les mêmes qualités. Le pin se recommande d'ailleurs à l'atten-

tion des botanistes et des industriels par ses produits résineux. Nous y reviendrons plus loin. Enfin il est une autre espèce d'Abiétinée, plus voisine encore du Sapin, et que nous ne saurions passer sous silence, bien qu'elle soit aujourd'hui bien déchue de son ancienne renommée : c'est le Cèdre (*Cedrus*). Cet arbre pourrait être justement appelé « le roi des montagnes »; car il atteint, non seulement en hauteur, mais aussi par la grosseur de son tronc et par le développement de sa cime, des dimensions gigantesques, et il ne le cède point au Chêne pour la noblesse de son port.

C'est sur les crêtes de l'Atlas et du Liban, à une altitude de quinze à dix-huit cents mètres, que les cèdres majestueux étendent leurs rameaux. Les Cèdres de l'Atlas atteignent une hauteur de 40 mètres, et leur tronc mesure, à la base, 1 mètre et jusqu'à 1 mètre et demi de diamètre. « Jeunes, ils ont, dit M. Ch. Martins, une forme pyramidale; mais quand ils s'élèvent au-dessus de leurs voisins ou du rocher qui les protège, un coup de vent, un coup de foudre, un insecte qui perce la pousse terminale, les prive de leur flèche; l'arbre est découronné. Alors les branches s'étalent horizontalement et forment des plans de verdure superposés les uns aux autres, dérobant le ciel aux yeux du voyageur qui s'avance dans l'obscurité sous ces voûtes impénétrables aux rayons du soleil. Du haut d'un sommet élevé de la montagne, le spectacle est encore plus grandiose. Ces surfaces horizontales ressemblent alors à des pelouses du vert le plus sombre, ou d'une couleur glauque comme celle de l'eau, sur lesquelles sont semés des cônes violacés; l'œil plonge dans un abîme de verdure au fond duquel gronde un torrent invisible. »

Le Cèdre de l'Atlas constitue sinon une espèce, au moins une variété distincte du Cèdre du Liban. Ce dernier est aujourd'hui fort rare sur la montagne que l'on considère comme sa patrie. Les forêts qu'il y formait autrefois ont disparu. La Billardière, qui explora le Liban vers la fin du siècle dernier, n'y compta pas plus d'une centaine de ces arbres; encore, sur ce nombre, n'y en avait-il que sept qui fussent de grandes dimensions.

Le bois de Cèdre jouissait parmi les anciens d'une grande réputation d'incorruptibilité, et il fut préféré à tout autre pour la construction du temple de Jérusalem. Il est cependant d'un grain peu serré, très semblable à celui du Sapin, et les modernes en font peu de cas. Nous devons ajouter toutefois que ce bois est d'une jolie couleur et répand une odeur agréable. On trouve dans le commerce, sous le nom de Cèdre, un bois également odorant et d'une nuance analogue, qui sert notamment à la fabrication des crayons, et qui n'est autre que le Genévrier (*Juniperus communis,* famille des Cupressinées). Le bois du Genévrier est d'un grain fin et agréablement veiné. Son odeur aromatique devient très sensible lorsqu'on le brûle. On en fait des coffrets, des nécessaires et d'autres menus meubles à l'usage des dames.

L'Europe possède plusieurs autres arbres dont les bois sont employés dans la tabletterie et l'ébénisterie : tels sont le Tilleul, l'Érable, le Citronnier et surtout le Noyer et le Buis.

Nous n'avons pas à revenir sur l'histoire naturelle du Noyer. Son bois est, après l'Acajou, celui qui joue le plus grand rôle dans l'ébénisterie, et parmi les bois indigènes dont cette industrie fait usage, il occupe assurément la première place. A l'état d'aubier, il est blanchâtre, peu capable de résister à l'action de l'air, et souvent attaqué par les insectes; mais à l'état parfait il est compact, durable, d'un jaune fauve marqué de belles veines brunes ou noirâtres; il est gras, liant, facile à travailler et susceptible d'un très beau poli.

On distingue dans le commerce le bois de Noyer en deux sortes : le *Noyer blanc* et le *Noyer noir,* ou *Noyer d'Auvergne.* Le premier est le moins estimé. Il est largement veiné sur un fond de couleur sombre; mais il manque d'éclat, même lorsqu'il est poli. Le second a été appelé, non sans raison, l'*Acajou d'Europe.* En effet, s'il diffère de l'Acajou par la couleur

et s'il possède moins d'éclat, il ne le cède point à ce bois sous
le rapport de la richesse et de la variété des dessins. Comme
le bois d'Amérique, il est tantôt veiné, tantôt *flambé*, tantôt
rameux, moucheté, etc. Il possède d'ailleurs toutes les qualités
qui rendent un bois propre à la confection des objets utiles
dans lesquels on aime à trouver du luxe et de l'élégance. On
l'emploie rarement plein; presque toujours on l'applique,
comme les bois précieux, en placage sur le corps du meuble,
qui est construit en bois plus commun : Chêne, Hêtre ou
Sapin. La racine de Noyer, lorsqu'elle peut fournir des pièces
d'assez grandes dimensions, est plus recherchée que le tronc,
à cause de ses veines nombreuses, ondulées et chatoyantes.
Enfin le Noyer porte quelquefois des loupes volumineuses, qui
offrent des dessins d'un effet remarquable : des fleurs, des
arabesques, des rosaces, formées par les contours capricieux
d'une multitude de veines diversement nuancées.

Le bois du Buis (*Buxus sempervirens*, fam. des Euphorbiacées, — *Box-wood* des Anglais) est remarquable par sa pesanteur spécifique, qui est à celle de l'eau comme 1,25 est à 1,
par son tissu fin et serré et par son extrême dureté. Sa
couleur est jaune fauve plus ou moins pâle, avec des veines
peu apparentes. Il prend très bien le poli et le vernis. Ses
emplois varient selon la partie de l'arbre. Pour la gravure sur
bois, la brosserie, la lutherie, la sculpture, on se sert seulement du bois proprement dit. Pour certains ouvrages de tabletterie et de marqueterie, on préfère souvent la racine, qui est
encore plus dure et sillonnée de veines noirâtres, ou la loupe,
également très dure et agréablement nuancée.

Le Buis est un arbre, ou plutôt un arbrisseau assez abondant
en Orient, dans l'Europe méridionale et en France même,
dans le Mâconnais, dans le Jura et dans les Alpes-Maritimes.
Il pousse lentement, et se plaît dans les terrains froids et
stériles. A Saint-Claude (Jura), et dans les Alpes-Maritimes,
l'art de travailler les buis occupe exclusivement la plupart des

paysans pendant la saison rigoureuse, et constitue pour eux une industrie assez productive.

III

L'ACAJOU — LE PALISSANDRE — L'ÉBÈNE — LE BOIS DE ROSE

On pourrait classer les bois dont on fait nos meubles suivant un ordre hiérarchique correspondant aux degrés de l'échelle sociale. Au rang le plus infime serait l'humble bois blanc, le sapin, bois du prolétaire. Une armoire, un lit, une table, quelques chaises composent tout le mobilier de bien des pauvres gens, et ces meubles sont d'ordinaire en bois blanc, revêtu d'une couche de peinture jaune nuancée de brun ou de rougeâtre, imitation grossière d'un bois plus précieux dont on serait, la plupart du temps, fort embarrassé de déterminer l'espèce. Viennent ensuite les bois plus durs, le hêtre, le chêne, qui indiquent déjà une certaine aisance. Le chêne peut même s'élever à la dignité de bois de luxe, grâce au travail de l'artiste, et nous savons que les meubles en chêne sculpté figurent honorablement dans les riches demeures. Au troisième rang, toujours en montant, se place le noyer. C'est le bois des concierges de bonnes maisons, des ouvriers économes et laborieux, qui ont mis de l'argent de côté pour se donner un *ménage*. Vient ensuite l'acajou, qui est par excellence le bois de la classe moyenne, de ce qu'on est convenu d'appeler la bourgeoisie. C'est dire que son domaine est immense; encore s'en faut-il qu'il y soit rigoureusement confiné, car si les meubles d'acajou ornent le logement du plus modeste employé, on les retrouve aussi dans l'appartement du haut fonctionnaire, du financier prospère et du riche industriel. La différence est dans la façon et dans la *garniture*. Le palissandre est autant au-dessus de l'acajou que l'acajou est au-dessus du noyer. C'est un bois aristocratique. Les bois de rose et d'ébène occupent encore un rang supérieur, en compagnie de divers bois de fantaisie, que le caprice et le goût du fabricant associent, dans des ouvrages composites, au métal, à la nacre, à l'ivoire et aux émaux. Arrivé à ce point, le luxe ne connaît plus de bornes, et le prix même des matières mises en œuvre disparaît devant la perfection du travail.

Nous avons mentionné dans le chapitre précédent les bois employés dans la menuiserie et l'ébénisterie populaires. Disons maintenant quelques mots de ceux qui alimentent principalement l'ébénisterie bourgeoise et aristocratique. L'acajou s'impose avant tout à notre attention. Parlons donc d'abord de l'acajou.

Les arbres qui le fournissent appartiennent à la famille des Cédrélacées, voisine de celle des Méliacées. Cette famille renferme neuf genres, subdivisés en vingt-cinq espèces, toutes propres aux régions intertropicales de l'ancien et du nouveau monde, mais beaucoup plus rares dans le premier que dans le second. Leur bois est, en général, compact, assez dur, agréablement nuancé, odorant et aromatique. Leur écorce, résineuse et parfumée, est douée de propriétés analogues à celles du Quinquina, qu'elle pourrait remplacer à la rigueur. Dans les pays où croissent les Cédrélacées, on emploie avec succès cette écorce comme médicament tonique, fébrifuge et astringent.

Les Cédrélas sont très communs en Amérique et aux Antilles. Ils atteignent une taille colossale et forment sur les terrains rocheux des forêts qui couvrent souvent de vastes étendues de pays. Leur croissance est rapide. Leur bois constitue donc un produit naturel très abondant, d'une exploitation facile, se

renouvelant en peu de temps; ce qui, joint aux qualités précieuses qu'il possède, à sa beauté, à sa solidité, à son inaltérabilité, en fait une des matières premières les plus importantes
pour les arts, l'industrie et le commerce de tous les pays civilisés. En effet, aucun bois n'est plus universellement employé
dans l'ébénisterie, et cet art serait, sans aucun doute, beaucoup
plus justement désigné sous un nom dérivé de celui de l'acajou
que de celui de l'ébène.

Cedrela basiliensis.

L'acajou sert en outre à la confection d'un très grand
nombre d'articles de menuiserie, de marqueterie et de tabletterie. Enfin il ne laisse pas de jouer, depuis quelques années,
un rôle considérable dans les travaux de charpente, et surtout
d'architecture navale, au moins en certains pays, tels que les
États-Unis et l'Angleterre. Les navires *Erebus* et *Terror,* qui
firent tous deux le voyage au pôle antarctique, et dont l'un s'est
perdu au pôle nord avec sir John Franklin, étaient entièrement
construits en acajou de Honduras. Ce bois, d'une solidité suf-
fisante et d'une incorruptibilité comparable à celle du chêne,
offre en outre l'avantage précieux d'une très faible pesanteur

spécifique, qui laisse plus de latitude pour le chargement du navire. Les variations de température ne l'altèrent point; il arrive en Europe en billes d'une grande longueur, bien équarries et généralement exemptes d'aubier; enfin tous ses déchets peuvent être utilisés, soit pour les aménagements intérieurs, soit pour la construction des petites embarcations.

On conçoit qu'un État essentiellement maritime et commerçant comme la Grande-Bretagne ait tout intérêt à substituer en partie, sinon en totalité, aux bois indigènes, dont la quantité diminue chaque jour, des bois exotiques que ses colonies peuvent lui fournir en abondance et à peu de frais. Pour l'ébénisterie et la menuiserie, les Anglais n'ont pas cessé, d'ailleurs, d'employer l'acajou en planches et en poutres, tandis que chez nous, les meubles et autres objets en acajou massif ont disparu pour faire place à ceux que l'on construit aujourd'hui en bois de Chêne, de Hêtre et même de Sapin, et qu'on se borne à revêtir extérieurement d'un placage de feuilles extrêmement minces.

En dehors de l'acajou de Honduras, on connaît dans l'ébénisterie diverses sortes d'acajou.

L'acajou femelle, appelé aussi *cèdre-acajou* et *cédrel odorant*, est le bois du *Cedrela odorata*, qui croît à Cuba et à Honduras. Il est tendre, très léger, peu susceptible d'être poli, doué d'une saveur amère et d'une odeur aromatique. C'est avec ce bois que sont faites les caisses à cigares.

L'acajou à meubles est le bois du *Swietenia Mahogany*. Il est ferme, dur, d'un grain très fin et très serré, susceptible d'un poli que nul autre bois ne peut surpasser. Ses teintes sont assez connues. Je rappellerai qu'elles sont toujours claires lorsque les billes ont été récemment débitées, et qu'elles se foncent au point de devenir presque noires en certains endroits, par suite d'une exposition prolongée à l'air et à la lumière. Cette sorte se subdivise, selon la provenance, en plusieurs variétés : acajou d'Haïti, de Cuba, du Yucatan, de Cayenne, du Sénégal.

Les acajous de toutes provenances se qualifient· dans le commerce d'après la disposition des veines, des nodosités, etc., qui forment à la surface du bois les différents dessins auxquels il doit en partie sa valeur.

L'acajou *uni* est sans veines apparentes et d'une nuance uniforme. L'acajou *veiné* est simplement marqué de bandes à peu près parallèles, d'une teinte plus brune que le fond. L'acajou *moiré* offre des veines ondulées et chatoyantes qui le font ressembler à une étoffe moirée. Dans l'acajou *flambé,* les veines forment des gerbes qui, avec leurs teintes rouges plus ou moins vives, imitent assez bien des jets de flammes. Il existe aussi des variétés *tigrées, rubanées, panachées, chenillées,* qui peuvent, grâce à leur rareté et à l'élégance capricieuse de leur dessin, atteindre des prix très élevés.

Le bois connu sous le nom de Palissandre, et qu'on appelle quelquefois aussi *bois violet, bois de violette, bois de Jacaranda,* est d'une origine qu'on n'a pu déterminer encore d'une manière bien précise. On sait bien de quel pays il vient : nous le recevons du Brésil et de la Guyane. Mais quel est — ou quels sont — l'arbre — ou les arbres — qui le fournit — ou qui le fournissent? Voilà ce qu'on ne sait pas avec certitude. On croit qu'il existe deux espèces de Palissandre, se ressemblant beaucoup, et qu'il faudrait rapporter, l'une à un *Dalbergia* (Légumineuses), l'autre au *Jacaranda brasiliana* (Bignoniacées). Quoi qu'il en soit, les arbres qui produisent ce beau bois sont propres aux contrées chaudes de l'Amérique méridionale, notamment au Brésil et à la Guyane hollandaise. Le palissandre est résineux, compact, d'un grain fin et serré, propre à recevoir le poli le plus parfait. Sa couleur, brun rosé nuancé de brun noirâtre, devient avec le temps presque aussi foncé que l'ébène. Il est très inaltérable et exhale, surtout lorsqu'on le frotte, une odeur qui rappelle le parfum de la violette.

On tire de Cayenne un bois appelé *faux palissandre,* dont

l'arbre est encore moins connu que celui du vrai palissandre. Ce bois présente un aubier jaunâtre et un *cœur* nuancé de brun rouge sur fond jaune. Cette dernière partie est seule d'un bon usage, et possède à peu près les qualités du vrai palissandre.

L'Ébénier (*Diospyros ebenum*).

S'il y a diverses sortes d'acajou et de palissandre, il en est de même de l'ébène, et ce nom est appliqué au bois de plusieurs arbres qui sont, il est vrai, de la même famille, — celle des Ébénacées ou des Plaqueminiers, — mais d'espèces différentes. L'ébène proprement dite est le cœur du *Diospyros ebenum*, qui croît dans l'Inde, dans la Cochinchine et à Madagascar. D'autres sortes d'ébène non moins estimées sont fournies par l'*Ebenoxylum*, grand et bel arbre de la Cochinchine, et par le *Mabolo Cavanillea*, des Philippines et de l'île Maurice. L'ébène est un bois dur, pesant, d'un grain fin, prenant très bien le

poli, et toujours de couleur foncée : tantôt noire, tantôt mélangée de brun rouge et de noir. L'ébène de Maurice est d'un
noir intense, d'un grain très fin et très serré. Celle de Portugal, ainsi nommée parce qu'elle venait autrefois du Brésil par
la voie du Portugal, comprend deux variétés : l'une entièrement
noire, l'autre d'un brun gris avec des veines d'un noir rougeâtre ou violacé. On a étendu, par analogie, le nom d'ébène à
quelques bois fournis par des arbres étrangers à la famille des
Ébénacées. Telles sont l'*ébène rouge* ou *grenadille*, qui est le
bois du *Tanionus littorea*, de l'Amérique équatoriale; l'*ébène
verte* et l'*ébène jaune*, provenant, dit-on, l'une et l'autre du
Bignonia leucoxylon; enfin le bois du faux Ébénier (*Cytisus
alpinus* ou *laburnum*), arbre de la famille des Légumineuses,
remarquable par ses jolies grappes de fleurs jaunes, et devenu,
depuis bien des années, très commun en Europe, où il est cultivé pour l'ornement des jardins.

Le nom de bois de rose est encore un de ces termes géné-
riques usités dans le langage commercial et industriel, et qui
sont loin d'avoir une signification précise. On dit aussi *bois de
Rhodes, bois de Chypre,* ce qui ne nous en apprend pas davantage sur l'espèce botanique à laquelle ce bois doit être attribué.
Plusieurs auteurs pensent que c'est au Liseron arborescent, de
la famille des Convolvulacées, qui croissait autrefois en assez
grande abondance à Chypre et dans les îles de l'Archipel grec,
mais qui, depuis trente et quelques années, ne se trouve plus
guère qu'aux Canaries. La matière dite *bois de rose* serait, au
dire de quelques écrivains spéciaux, la racine de ce Liseron :
racine noueuse, contournée, pouvant avoir de 3 à 11 centimètres de diamètre et recouverte naturellement d'une écorce
spongieuse d'un gris rougeâtre. Cette racine est formée d'un
bois dur, pesant, à couches concentriques très serrées, de couleur feuille morte, tirant sur le rouge vineux ou rosé. Sa saveur
est légèrement amère, et son odeur rappelle celle de la rose.
On considère aussi comme bois de rose ceux de l'*Ehretia*

fructicosa des Antilles, de l'*Amyris balsamifera* de la Jamaïque, du *Licaria guyanensis* de Cayenne, et du *Tse-Tsan* de la Chine, arbres d'espèce et de genre indéterminés. Ces bois se ressemblent par leurs caractères les plus essentiels : ils exhalent tous une odeur de rose plus ou moins sensible; leur teinte fondamentale est le jaune rosé ou le rouge pâle avec des teintes plus foncées. Leurs veines sont ordinairement régulières et disposées parallèlement entre elles; leur grain est très fin, leur dureté moyenne; ils se travaillent, se polissent et se vernissent parfaitement. On les recherche pour les meubles de luxe, surtout pour ceux du genre Louis XV, avec incrustations de mosaïque, de marqueterie et d'émaux, et garnitures en cuivre doré. On en fait aussi des coffrets, des nécessaires, des écrins et d'autres objets de fantaisie.

Il est un autre bois qui, mieux encore que le palissandre et le bois de rose, se prête à la confection de ces meubles délicats où l'on ne peut enfermer que des choses précieuses : c'est le bois de *Santal citrin,* appelé aussi, mais improprement, bois de *Sandal.* Il est fourni par le *Santalum album* (famille des Santalacées), arbre qui croît en Chine, dans l'Inde et dans l'Indo-Chine. Il est compact, lourd, gras au toucher, imprégné d'une huile à laquelle il doit sa saveur amère et son parfum, qui rappelle à la fois ceux du citron, du musc et de la rose. Sa couleur est jaune. Ce qu'on nomme dans le commerce bois de *Santal blanc* n'est autre chose que l'aubier du même arbre, dont le santal citrin est le cœur. Le santal blanc a une teinte plus pâle, une odeur plus faible et un grain moins fin que le santal citrin.

IV

LES BOIS DE FER — LE TEK — LE BAMBOU

A côté de ces bois, qu'on dirait créés tout exprès pour satisfaire aux exigences du luxe le plus raffiné, les régions tropicales produisent de nombreuses essences où l'homme trouve, pour ainsi dire tout prêts, les matériaux nécessaires à ses besoins les plus urgents. Telles sont, dans ces contrées, la richesse et la variété des productions du règne végétal, que les habitants peuvent, à la rigueur, se dispenser de recourir aux deux autres règnes pour se procurer tous les éléments d'un bien-être que l'homme des pays tempérés, — à plus forte raison celui des pays froids, — n'acquiert qu'au prix d'efforts pénibles et de recherches persévérantes. Aliments solides et liquides, matières textiles et colorantes, matériaux de construction, — sans parler des aromates, des parfums, des médicaments, tout cela leur est donné à profusion par les vastes forêts qui les entourent.

Il n'est pas jusqu'aux métaux, que le bois de certains arbres ne puisse remplacer. Ces bois sont appelés *bois de fer,* à cause de leur dureté et de leur pesanteur extraordinaires, dues non seulement à l'extrême compacité de leur tissu, mais aussi à ce que ce tissu renferme une proportion considérable de silice. Leur couleur est généralement foncée, tantôt brune, tantôt rougeâtre. Ils sont très employés par les naturels des pays qui les produisent. Les sauvages en font des haches, des casse-tête, des outils de toutes sortes. Mais en Europe, les bois de fer reçoivent peu d'applications. Les qualités qui les font rechercher des Indiens sont, aux yeux des fabricants et du public d'Europe, autant de défauts qui en font repousser l'emploi. Les bois de fer ont, en effet, des nuances agréables et prennent un poli parfait; mais nous possédons assez d'autres bois qui ne leur cèdent point sous ce rapport, et qui joignent à ce double avantage celui de se travailler aisément et de n'avoir qu'une pesanteur moyenne; tandis que l'excessive dureté et la lourdeur des bois de fer les rendent très difficiles à travailler, élèvent de beaucoup le prix de la main-d'œuvre, et par conséquent celui des objets fabriqués, en même temps que la pesanteur de ceux-ci ne permet pas de les déplacer à volonté et de s'en servir sans fatigue.

Aux expositions universelles de 1855, 1862 et 1867, on a fort admiré, dans les curieuses collections d'objets bizarres envoyés par l'administration des Indes anglaises, des chaises, des fauteuils, des tables de grandes dimensions en bois de fer sculpté à jour. Mais ce sont là des tours de force, des œuvres de patience qui ne peuvent qu'amuser un instant la curiosité publique, et les amateurs les plus fanatiques de ces sortes de produits ne seront jamais tentés d'en meubler leurs appartements.

Les arbres qui fournissent les bois de fer sont, d'après M. C. d'Orbigny (*Dictionnaire d'histoire naturelle,* art. *Bois*) : à la Guyane, les *Robinia parracoco* et *tomentosa;* aux Antilles, le *Rhamnus ellipticus* et l'*Ægiphila Martinicensis;* à Ceylan, le *Mesua ferrea* ou bois de *naghas;* à Madagascar et en Afrique, le *Sideroxylon cinereum;* chez les Malais, le *Metrosideros;* à la Jamaïque, le *Fugara pterota;* dans d'autres contrées encore, le *Cocoloba grandifolia* et le *Cassinia pinnata,* etc. De tous ces arbres, le plus connu est le *Siderodendron* ou *Sideroxylon,* qui est particulièrement appelé bois de fer dans nos colonies. Cet arbre est de moyenne grandeur. Son bois est si dur, que les meilleures haches s'y ébrèchent lorsqu'on veut l'entamer. On ne peut l'abattre qu'en le sciant, et pour le travailler il faut le prendre vert, ou le faire préalablement tremper dans l'eau pendant deux ou trois jours.

Quelques auteurs ont rangé parmi les bois de fer le *Tek* (*Tectona grandis*, famille des Verbénacées); mais on a plus justement qualifié ce grand et bel arbre le *Chêne du Malabar* ou des *Indes*. En effet, sa densité et sa dureté sont à peu près celles du Chêne; mais il est encore plus inaltérable, et ses proportions colossales permettent d'y tailler des pièces de très grandes dimensions. Le Tek est donc supérieur à tout autre bois pour les constructions, et surtout pour les constructions navales. Aussi est-il fort apprécié des Anglais, qui non seulement l'emploient dans l'Inde, mais le font amener sur leurs chantiers d'Europe. Ce n'est pas tout : le bois et les feuilles de Tek renferment un principe amer et astringent, et leur infusion est considérée dans l'Inde comme un remède efficace contre la dysenterie et le choléra. Ses fleurs sont diurétiques et peuvent servir à teindre en rouge.

Si l'utilité du Tek est « immense », selon l'expression de M. Le Mahout, on peut dire que celle du Bambou est universelle.

Le Bambou (*Bambusa*) n'est pas, à proprement parler, un arbre : c'est une Graminée gigantesque. Sa taille le fait l'égal des Palmiers superbes ; sa tige, lisse, brillante, droite et flexible, lui donne un air à la fois élégant et majestueux. Il se balance mollement, comme pour rafraîchir au souffle de la brise son feuillage ondoyant, d'un beau vert clair, et comparable, pour la légèreté, à ces diadèmes de plumes qui ceignent le front des chefs sauvages de l'Amérique. « Les Bambous, dit le savant Kunth, ne contribuent pas moins que les Palmiers à donner aux paysages équinoxiaux une physionomie particulière. » Dans l'Inde, qui est leur patrie, et d'où ils ont été transportés dans toutes les colonies européennes des deux mondes, on les cultive en haies ou palissades immenses autour des plantations. Ces haies sont ce qu'on appelle, dans les établissements français, des *balisages*.

Les applications du Bambou sont innombrables, surtout en Chine ou dans l'Inde, où il est très commun en même temps que très beau. C'est une des principales ressources des habitants de ces contrées, puisque avec sa tige laissée entière, ou sciée dans son diamètre, ou fendue dans sa longueur, ils trouvent moyen, non seulement de façonner une foule de meubles ou d'ustensiles, mais encore de gréer des navires et de construire des maisons, et que de plus ils retirent des cavités comprises dans les entre-nœuds une liqueur douce et sucrée qui, fermentée et aromatisée, leur fournit un aliment agréable et une boisson généreuse.

Avec les chaumes de Bambou, les Indiens et les Chinois construisent des maisons entières, y compris les planchers, les cloisons et la toiture. Cette dernière partie du bâtiment est faite d'une manière fort ingénieuse : les chaumes sont partagés en deux dans le sens de leur longueur; on forme une première couverture de demi-cylindres rangés parallèlement sur un plan incliné, avec la concavité en dehors, de manière à présenter une série de cannelures creuses contiguës; puis on y superpose une seconde couche, avec la concavité tournée en dedans, et emboîtant les arêtes de la première surface. Ces toitures préservent bien, en été, des ardeurs du soleil, et, pendant la mauvaise saison, des pluies abondantes qui, dans les pays chauds, tombent presque sans interruption durant plusieurs mois.

Les jeunes tiges du Bambou servent à confectionner des meubles à la fois légers et solides : chaises, tables, lits, palanquins, etc. Avec ces mêmes tiges coupées en lanières minces, les Indiens font des nattes et des corbeilles. En partageant les gros bambous en tronçons de 30 à 60 centimètres de hauteur, on obtient des seaux dont le fond est tout formé par la cloison transversale qui constitue chaque nœud, et dont la confection n'exige pas une grande habileté. Veut-on transporter au loin, sans avoir besoin de les arroser pendant le voyage, de jeunes plantes délicates, on n'a qu'à les placer dans des caisses ainsi

faites avec des chaumes de Bambou vert. Ces caisses conservent pendant plusieurs semaines une humidité qui suffit à
alimenter la plante et à la maintenir fraîche. Les Bambous dont
on fait des cannes, des manches de fouet, des tuyaux de pipes,
sont les pousses en bas âge de ces Graminées.

J'ai dit qu'on tirait du Bambou un aliment et une boisson. Ce
double produit est fourni par une moelle spongieuse et fécu-

Le Bambou.

lente contenue dans les entre-nœuds des jeunes chaumes. Cette
moelle est tout à fait semblable au *sagou*, dont nos cuisinières
font de si excellents potages, seulement elle est sucrée naturellement. Les Indiens en font grand cas, et ils n'ont pas tort.
En outre, une liqueur également sucrée découle spontanément
des jointures qui forment les nœuds. On la désigne dans les
Indes sous le nom de *tabaxir*. Soumise à la fermentation, elle
devient alcoolique et capiteuse comme l'hydromel. C'est de
préférence en ce dernier état qu'elle est consommée par les
Indiens.

Le Bambou sert encore à la fabrication des cordages. On
fend en minces lanières les tiges, préalablement ramollies dans

l'eau, et ces lanières tressées deviennent des cordes très résistantes en même temps que très économiques.

Je ne finirais pas si je voulais énumérer tous les services que rendent ou peuvent rendre les diverses parties de cette plante. Je ne puis cependant me dispenser de signaler le parti qu'on tire de son écorce, et qui est l'objet d'une grande et productive industrie : il s'agit de la fabrication du *papier de Chine*. Les tiges, coupées près de la racine sur une longueur de 50 centimètres, sont assorties par grosseur et par âge, et réunies en paquets qu'on plonge dans des bassins ou dans des mares d'eau. On les y laisse séjourner pendant un temps plus ou moins long, selon qu'il fait plus ou moins chaud. On les retire ensuite, on les broie, et l'on en fait une pâte qu'on étend sur des cadres. Les autres opérations sont tout à fait semblables à celles que subit chez nous le papier de chiffon. Le papier de Chine que nous recevons en Europe, et sur lequel on tire les belles épreuves de gravures en taille-douce, est obtenu avec un mélange de bambou et de coton de Nankin. De là viennent sa couleur jaune, sa souplesse et sa porosité.

Sous le ciel et dans le terrain qui lui conviennent, le Bambou croît sans le secours d'aucune culture. C'est un de ces présents gratuits dont la nature est si prodigue envers les habitants de la zone tropicale, et qui explique en grande partie l'état stationnaire de leur civilisation. Car c'est le besoin qui engendre l'industrie, et chez ces peuples le besoin du travail se fait à peine sentir.

LES PLANTES TINCTORIALES

I

Un certain nombre de plantes renferment dans leur écorce,
dans leurs fleurs, dans le tissu ligneux de leur tige ou de leurs
racines, des matières colorantes qu'on utilise dans l'industrie,
soit pour la fabrication des couleurs, soit pour la teinture des
tissus de laine, de soie, de lin, de coton, soit pour colorer artificiellement les bois blancs et leur donner l'apparence des bois
précieux. Les arbres dont le bois renferme des substances colorantes susceptibles d'en être extraites par décoction sont, en
général, fournis par des arbres exotiques, et il est à remarquer
que presque tous ces arbres sont indigènes des régions intertropicales du nouveau monde.

Les couleurs qu'on extrait des bois de teinture sont des
nuances de rouge et de jaune qui varient depuis le rose violacé
plus ou moins noirâtre jusqu'au jaune serin, en passant par
toutes les teintes mixtes ou intermédiaires, suivant l'espèce du

bois ou le degré de concentration de la liqueur obtenue par la décoction. Ces couleurs naturelles sont, du reste, modifiées par le mélange des unes avec les autres, ou complètement changées par l'action des acides, des alcalis ou des sels qui, le plus souvent, jouent en même temps le rôle de *mordants*, et servent à fixer la teinture sur les tissus. Les bois de teinture sont beaucoup moins nombreux que les bois d'ébénisterie. La plupart proviennent d'arbres appartenant à la famille des Légumineuses et au genre *Cæsalpinia*; cependant il en est quelques-uns dont l'origine est encore fort incertaine.

On classe, dans le commerce, les bois de teinture en deux grandes catégories : les *bois jaunes* et les *bois rouges*.

Parmi les premiers, le plus recherché est le *bois jaune de Cuba*. Le *Morus tinctoria* (famille des Morées), qui le produit, est abondant non seulement à Cuba, mais aussi dans la baie de Campêche, à la Jamaïque et dans toutes les Antilles. Cet arbre atteint souvent une hauteur de 20 mètres. Son bois est dur, solide, d'un jaune brun avec des veines oranges. On l'emploie, de préférence aux autres bois de même couleur, pour teindre la soie. Le *bois jaune de Tampico* est probablement fourni, comme le précédent, par une variété du *Morus tinctoria;* mais il est moins riche en principe colorant, partant moins estimé. On emploie aussi pour la teinture en jaune, sous le nom de *quercitron*, l'écorce du *Quercus tinctoria*. Ce Chêne, originaire de l'Amérique septentrionale, fut introduit en France en 1816, et l'on en fit dans le bois de Boulogne un semis assez étendu, qui réussit à souhait. Cependant cette culture ne s'est point propagée, et notre commerce continue de recevoir des États-Unis la presque totalité du quercitron qu'il livre aux teintureries.

Parmi les bois rouges, je citerai, sans m'y arrêter : les *bois du Brésil*, ou *Brésillets*, qui sont tous fournis par ces arbres du genre Cæsalpinia, mais qui diffèrent de nuance, et sont loin de venir tous du Brésil, ainsi que leur nom semblerait l'indiquer; — le *bois de Calliatour*, qui est celui d'un *Pterocarpus* (Légumineuses) propre aux régions montagneuses de l'Inde et de Ceylan ; — le *bois de Fernambouc*, qui est donné par les *Cæsalpinia echinata* et *crista*, grands arbres noueux et épineux qu'on rencontre dans les immenses forêts du Brésil ; — le *bois de Santal rouge*, qui nous arrive de l'Inde et de la côte occidentale d'Afrique. L'arbre qui le produit est le *Pterocarpus santalinus*. Sa matière colorante se rapproche beaucoup de celle du bois de Calliatour.

Le bois de Campêche.

Le bois de Campêche, qui est, sans contredit, le plus important de tous les bois de teinture, mérite de notre part une mention un peu plus étendue. On l'appelle quelquefois *bois d'Inde*. Il est fourni par l'*Hematoxylon Campechianum* (Légumineuses). Son nom lui vient de la baie de Campêche (Mexique), où cet arbre croît en abondance ; on le tire aussi de Honduras et des Antilles, notamment d'Haïti. Il exhale une odeur d'Iris agréable, mais faible. Il est dur, compact, plus lourd que l'eau. Il suffit d'en mâcher un petit morceau pendant quelques secondes pour que la salive se teigne aussitôt en rouge foncé. C'est dire combien ce bois est riche en matière colorante. Il est d'un jaune rougeâtre lorsqu'il vient d'être coupé; mais il prend au contact de l'air une teinte brune et même noirâtre, qui devient très foncée si l'atmosphère est chargée de vapeurs ammoniacales. Comme il se travaille facilement et prend bien le poli, on pourrait en faire des meubles, et même de fort beaux, s'il n'avait l'inconvénient de déteindre sur les mains et de se détériorer très rapidement. A raison de ces défauts, on se contente de l'employer pour la teinture des fibres textiles, des étoffes, des cuirs, des maroquins, des papiers, des bois, — et aussi parfois, s'il faut en croire des auteurs respectables, à la fabrication de certains vins artificiels, que des spéculateurs audacieux débiteraient dans les cabarets aux consommateurs peu difficiles.

Le fait est que le principe colorant du bois de Campêche (l'*hématine*) donne à sa décoction une teinte rouge vineuse qui tourne rapidement au bleuâtre, absolument comme le fait le vin populaire vulgairement appelé *petit bleu*. La décoction, suffisamment concentrée et additionnée de sulfate de fer et de gomme, peut servir d'encre à écrire. Sa nuance varie d'ailleurs selon qu'elle est plus ou moins étendue, et l'on peut, en y mêlant diverses substances ou alcalines ou salines, produire des tons très variés de violet, de noir, de rouge, de brun et de jaune; ce qui multiplie considérablement les applications de ce produit. Ainsi les acides font virer la décoction de Campêche au jaunâtre, et les alcalis au brun. L'acétate de cuivre et l'alumine le changent en violet. On obtient une couleur semblable, qui prend bien sur la soie, sur la laine et sur le ligneux, en y mêlant une solution de 1 partie d'étain dans une eau régale contenant 12 p. 100 d'acide chlorhydrique et 4 p. 100 d'acide azotique. On teint encore la laine en un bleu noir en la plongeant dans la décoction de bois de Campêche bouillante et concentrée, après l'avoir traitée soit par l'alun, soit par un mélange de tartre, de sulfate de fer et de sulfate de cuivre.

Dans les fabriques de toiles peintes, on prépare une teinture violette en mettant une quantité convenable d'alun dans la décoction de Campêche étendue d'eau pure, et une teinture noire en ajoutant à la même décoction de l'huile d'olive, de l'amidon, de l'infusion de noix de galle, de l'acétate de cuivre et du sulfate de fer. Enfin on fait entrer la matière colorante du Campêche dans plusieurs autres couleurs composées qu'il serait superflu d'énumérer, et qui d'ailleurs se modifient chaque jour par la mise en pratique de procédés nouveaux.

II

LES INDIGOTIERS — LE PASTEL

C'est encore à la famille des Légumineuses que nous devons la substance qui tient aujourd'hui le premier rang parmi les matières tinctoriales : l'Indigo. Les Indigotiers (*Indigofera*) forment, dans cette famille, un genre composé d'arbrisseaux et de plantes herbacées qui ont pour patrie l'Asie tropicale et l'archipel Indien, et qui ont pu être acclimatés dans les contrées du nouveau monde situées sous la même latitude. On a même essayé, mais sans beaucoup de succès, d'introduire les Indigotiers en Europe et dans les îles de la Méditerranée.

« A Malte, dit M. Bleekrode (de Delft), on en cultivait, jusqu'à la fin du siècle dernier, sous le nom d'*Ennir*. En Sicile, dans la Calabre, en Toscane et en Espagne, la culture a même réussi. L'*Indigofera argentea* était cultivé dans la province de Reggio. A l'occasion de l'exposition de Londres (1851) M. Ramon de la Sagra a parlé d'essais faits à Séville, et qui ont bien réussi.

Dans le midi de la France on a également essayé d'introduire l'Indigotier, et les résultats qu'il a donnés dans le département de Vaucluse ont été passables, mais pas assez productifs pour encourager sa culture comme plante tinctoriale [1]. »

En somme, c'est toujours des Indes orientales que l'on fait venir la plus grande quantité de l'indigo qui se consomme dans les pays civilisés du monde entier, et cette quantité est énorme. C'est là que la culture des Indigotiers constitue une immense industrie agricole et une source inépuisable de richesse. Indigènes et Européens s'y livrent avec l'ardeur que donne la certitude de profits abondants. Les premiers connaissaient l'usage de l'indigo dès la plus haute antiquité; et les Tyriens, les Carthaginois, les Romains, allaient chercher dans l'Inde cette matière colorante, dont ils ignoraient l'origine, mais dont ils savaient apprécier les qualités. Pline, je crois, la désigne sous le nom d'*Indicum pigmentum* (d'où est venu Indigo), et le décrit comme une couleur bleue mêlée de pourpre; ce qui est exact, car la couleur de l'indigo est intermédiaire entre le bleu pur et le violet. Il décrit même l'opération par laquelle on sépare l'indigo pur des substances étrangères en le sublimant sous forme de vapeurs d'un pourpre intense.

« Les peuples des pays intertropicaux, chez qui les plantes à indigo croissent spontanément, dit encore M. Bleekrode, ont ainsi trouvé les moyens non seulement d'appliquer le principe colorant, mais encore de le séparer du tissu de la plante qui le renferme. Marco Polo, au xiiie siècle, raconte que les teinturiers indiens emploient une matière colorante appelée « Endico », et Conté, au xvie siècle, fait mention de « l'Endego » à la suite de son voyage dans les Indes. Jusqu'au moment où les découvertes du xve siècle eurent changé les routes commerciales, l'indigo fut apporté aux Européens par le golfe Persique, la Perse et la Syrie, ou par la mer Rouge, l'Égypte et Alexandrie.

---

[1] *Dictionnaire universel du commerce et de la navigation.* Art. INDIGO.

« A ces époques éloignées, l'indigo ne servait qu'en petites
quantités et comme mélange, pour aviver et rehausser la couleur bleue des étoffes qu'on teignait avec le Pastel, Guède ou
Vouède (*Isatis*), plante indigène de l'Europe, et qui fut pendant
plusieurs siècles l'objet d'une culture florissante en Allemagne
(Thuringe), en France (Languedoc, Provence), en Italie et
aussi en Angleterre. Mais, vers la fin du xvi⁰ siècle, les teintu-

L'Indigotier.

riers avaient déjà reconnu que l'indigo, cette précieuse teinture, offrait une grande économie; on calculait qu'il ne coûtait,
pour teindre à l'indigo, qu'un sixième du prix auquel revenait
la teinture à la Guède, et en outre que la teinture à l'indigo
était beaucoup plus belle et plus solide [1]. »

La compagnie hollandaise des Indes orientales ne laissa pas
échapper une si belle occasion de bénéfices; elle se mit à char-
ger ses navires d'indigo, et bientôt elle fut à même d'alimenter
toutes les teintureries de l'Europe. Mais cela ne faisait point le
compte de ceux qui vivaient de la culture ou du commerce de
la Guède. Et ils étaient nombreux, riches et puissants, surtout

[1] *Dictionnaire universel du commerce.* Art. cité.

en France et en Allemagne. Les plus grandes fortunes du Languedoc avaient leur source dans cette industrie; les plus beaux hôtels de Toulouse avaient été bâtis par des négociants en Guède, et l'on en citait un qui s'était porté garant pour une portion considérable de la rançon de François Ier, lorsque ce prince avait dû racheter sa liberté à l'empereur Charles-Quint. En Thuringe, les marchands portaient le titre de Waid-Hern, seigneurs de la Guède. On pense bien que de tels personnages n'étaient pas gens à se laisser, comme on dit, couper l'herbe sous les pieds sans montrer les dents. Ils les montrèrent si bien et firent tant auprès des princes, que ceux-ci, sous le prétexte ordinaire et fallacieux de protéger une industrie nationale, prirent contre les importateurs d'indigo les mesures les plus rigoureuses. L'empereur Rodolphe prit l'initiative en 1607; il défendit l'emploi de l'indigo sous peine d'amende et de confiscation. En France (1609), le bon roi Henri IV édicta tout simplement la peine de mort contre quiconque ferait usage de cette teinture, et son exemple fut suivi par je ne sais quel électeur de Saxe. Vains efforts! l'indigo n'en fit pas moins son chemin; les gouvernements reconnurent leur impuissance à lutter contre la force des choses, et, de concession en concession, finirent par ouvrir à la nouvelle teinture les portes de leurs États, au grand dépit des « seigneurs de la Guède », au grand profit du commerce, de l'industrie et du public.

On s'occupa dès lors activement de propager la culture des Indigotiers dans les colonies, où elle se développa rapidement. Les espèces que l'on cultive de préférence sont les *Indigofera tinctoria, anil* et *argentea*, mais principalement la première. C'est une plante sous-frutescente, d'un mètre environ de hauteur, à feuilles pennées, un peu velues en dessous, qui porte des fleurs rougeâtres réunies en grappes axillaires et des gousses cylindriques bosselées, renfermant des graines de couleur brune. Rumphius lui donne pour patrie les provinces indiennes de Cambodge et de Guzerate.

L'*Indigofera anil,* ou Indigotier franc, se trouve aussi dans l'Inde, dans l'archipel Indien et aux Philippines; mais il s'est répandu plus que les autres dans l'Amérique intertropicale et aux Antilles, ce qui lui a fait donner par quelques auteurs le nom d'*Indigofera americana*. Il diffère de l'*Indigofera tinctoria* par ses fleurs pourpres, ses feuilles pennées, à sept ou neuf folioles ovales, mucronées, et ses gousses comprimées et recourbées à cinq ou six graines noirâtres.

L'*Indigofera argentea* est, d'après M. Bleekrode, exclusivement propre à l'Afrique : on le cultive en Abyssinie, d'où il est originaire, en Égypte et en Arabie.

Pour extraire la matière tinctoriale des Indigotiers, on fait fermenter leurs feuilles dans l'eau; on soutire ensuite le liquide, qui s'est chargé de principe colorant; on l'agite au contact de l'air, et c'est alors seulement que l'*indigotine* passe au bleu en s'oxygénant. On accélère sa précipitation au moyen de l'eau de chaux, et on fait sécher le précipité, qui constitue l'indigo du commerce. Cette substance est agglomérée en petits *pains* tantôt cubiques, tantôt plats, tantôt de forme irrégulière, d'un bleu velouté plus ou moins foncé, à cassure brillante et comme cuivrée. L'indigo du commerce est un mélange d'indigo pur, dont la proportion peut varier, selon les qualités, depuis 15 jusqu'à 90 pour 100, — de résine rouge, — de gluten, — de brun d'indigo, — d'eau d'hydratation, — de matières salines et terreuses, — enfin de matières organiques étrangères.

L'appréciation des indigos du commerce est chose difficile, d'autant que cette marchandise est fort sujette aux falsifications. L'œil le plus exercé peut être trompé par les apparences, et le secours de l'analyse chimique est indispensable; encore le résultat qu'elle donne n'est-il qu'approximatif, une même caisse pouvant contenir des morceaux de qualités très différentes, et l'analyse ne pouvant s'appliquer qu'à des échantillons pris au hasard.

J'ai raconté plus haut en quelques lignes la lutte qui s'établit, aux xvie et xviie siècles, entre l'indigo et le Pastel, et qui se termina par le triomphe du produit exotique sur le produit indigène. Ce triomphe toutefois ne fut pas tellement complet, que le Pastel ne mérite encore d'être mentionné parmi les plantes tinctoriales. La culture et le commerce de cette plante reprirent même en France, au commencement de ce siècle, un certain essor, factice et passager, grâce au fameux blocus continental. Le commerce maritime était alors réduit à rien, et le commerce de terre à fort peu de chose, l'indigo n'arrivait plus

Guède (*Isatis tinctoria*).

qu'en très petites quantités et à de rares intervalles, et il fallait le payer des prix exorbitants. On revint alors au Pastel. Le gouvernement encouragea de tous ses efforts la fabrication de ce produit national. Des prix furent institués pour ceux qui parviendraient à extraire du Pastel un indigo semblable à celui de l'Inde. Des expériences eurent lieu, et le problème reçut une apparence de solution; c'est-à-dire qu'à grand'peine et à grands frais on réussit à extraire de la Guède de l'indigo médiocre, en petite quantité. Il fallut bien s'en contenter; mais lorsque la paix fut rétablie, et avec elle le commerce extérieur, on s'empressa de revenir à l'indigo, et le Pastel fut de nouveau abandonné, ou du moins rejeté au second plan.

Actuellement on le cultive encore dans le Languedoc, où il conserve son nom de *Pastel,* et en Normandie, où on lui donne plus communément celui de *Guède* ou *Vouède.* Le peu qu'on en obtient suffit, et au delà, aux besoins de la consommation; car cette teinture n'est presque nulle part employée seule. On se contente ordinairement de la mélanger, en faible proportion, avec l'indigo.

Le Pastel (*Isatis tinctoria,* famille des Crucifères) croît spontanément dans les terrains élevés, secs et pierreux, de l'Europe centrale et méridionale. Il atteint environ 1 mètre de hauteur. Sa tige est droite et rameuse vers le haut. Ses feuilles inférieures sont lancéolées, et leur base se rétrécit en pétioles, tandis que les supérieures sont amplexicaules et hastées. Ses fleurs sont petites, de côuleur jaune, nombreuses et réunies à l'extrémité des tiges en panicules très serrées. Les fruits sont des siliques rétrécies en coin à leur base, obtuses et spatulées à leur sommet, et trois fois plus longues que larges.

Ce sont les feuilles qui fournissent la matière tinctoriale employée dans l'industrie. On les récolte dès qu'elles ont atteint leur complet développement; on les réduit, par l'action de meules, en une pâte homogène qu'on dispose en tas sous des hangars, et qu'on abandonne à la fermentation pendant plusieurs jours. On pétrit ensuite cette pâte en pelottes ou boulettes, auxquelles on donne de la consistance en les comprimant dans des moules en bois ayant la forme de cônes tronqués. Ces pains, avant d'être employés, doivent être de nouveau broyés et soumis à la fermentation. C'est seulement alors qu'ils sont propres à la teinture.

III

LA GARANCE — LE CARTHAME — LE SAFRAN — LE CURCUMA

La Garance est actuellement en Europe, pour la teinture en rouge, ce qu'était le Pastel, il y a trois à quatre cents ans, pour la teinture en bleu. Sera-t-elle aussi quelque jour, comme son infortuné confrère et compatriote, supplantée par un produit exotique, par un *indigo rouge?* C'est là un secret de l'avenir. Quant à présent, la Garance est en pleine prospérité. Elle occupe en agriculture un rang distingué; elle rend à l'industrie d'immenses services; enfin elle a l'insigne honneur de contribuer plus qu'aucune teinture à l'éclat des uniformes militaires en général, et de l'uniforme français en particulier.

La Garance (*Rubia tinctoria,* famille des Rubiacées) est une plante herbacée vivace. Elle croît naturellement dans le midi de l'Europe, dans l'Asie Mineure, dans les îles de la Méditerranée et dans les contrées les plus septentrionales de l'Afrique; mais on la cultive aussi avec succès en Hollande, en Allemagne et dans l'est de la France. Les anciens la connaissaient et en faisaient grand usage pour la teinture de leurs tissus, ainsi que l'attestent Pline et Strabon. C'est aussi avec cette plante que les Orientaux obtiennent le fameux rouge d'Andrinople, dont la préparation a été longtemps considérée en Europe comme un secret introuvable.

La seule partie de la Garance qu'on emploie dans l'industrie est sa racine, qui, desséchée et nettoyée, constitue l'*alizari* du commerce, — on réserve le nom de *garance* à la racine pulvé-

risée et préparée pour la teinture. — Cette racine est horizon-
tale, très longue, grosse de 5 à 8 millimètres, noueuse,
flexible, cylindrique, striée, recouverte d'une pellicule brun
rougeâtre peu ou point adhérente, sous laquelle se trouve une
écorce rouge foncée, épaisse de 2 à 4 millimètres : c'est cette
partie corticale qui renferme seule la matière colorante. La
partie ligneuse, qui occupe le centre de la racine, est de cou-

La Garance.

leur jaunâtre. L'alizari a une odeur faible, peu agréable, et
une saveur à la fois amère et sucrée.

Cette racine a été analysée par plusieurs chimistes. MM. Bu-
choltz, John et Kuhlmann ont reconnu, parmi les principes qui
la composent : une matière colorante rouge (l'*alizarine*), une
rose (la *purpurine*), une jaune (la *xanthine*); du mucilage, de
la gomme, du glucose; des acides pectique, malique et tartrique; des matières extractives amères; une résine odorante,
une résine rouge, des sels de potasse, de chaux, etc. D'après
le docteur Runge, l'alizari ne contient pas moins de cinq principes colorants : le pourpre, le rouge, l'orangé, le jaune et le
brun, et de plus un acide particulier, qui bleuit sous l'in-

fluence de l'acide chlorhydrique, et que M. Runge appelle acide *rubiacétique*.

La racine de Garance figurait autrefois dans les pharmacies comme médicament astringent et apéritif. On ne l'emploie plus aujourd'hui que comme matière tinctoriale ; mais elle a acquis à ce titre une importance qui s'accroît chaque jour, et qu'on ne peut comparer qu'à celle de l'indigo. La garance, en effet, s'applique à tous les tissus de laine, de soie, de lin, de coton. Son usage le plus connu consiste dans la teinture en rouge des draps destinés à l'habillement des troupes ; mais elle reçoit encore bien d'autres applications, et l'on se tromperait même si l'on croyait que le rouge est la seule couleur qu'elle puisse donner. Il suffit d'imprégner une même pièce d'étoffe (calicot, par exemple) de différents mordants convenablement disposés, et de la tremper ensuite dans un bain de garance, pour que chacun de ces mordants produise, par sa réaction particulière sur les principes tenus en dissolution dans le bain, une couleur violette, brune, rouge, jaune, etc.; de telle sorte qu'avec des mordants bien assortis et combinés avec la teinture de garance, on obtient des dessins de toutes sortes, très variés, très nets, et de plus très solides. La plupart des *indiennes* qui se vendent journellement dans les magasins de nouveautés sont teintes de cette façon, rien qu'avec de la garance.

Aussi le *Rubia tinctoria* est-il cultivé en grand dans plusieurs contrées, particulièrement en Turquie, dans l'île de Chypre, en Italie, en Hollande, en Saxe, en Silésie, dans nos départements du Bas-Rhin et de Vaucluse, et maintenant aussi en Algérie, aux environs d'Oran et de Constantine. Quand je dis que cette plante est cultivée, l'expression est peut-être trop générale ; car souvent on se contente de semer la graine de Garance à la volée ou en lignes dans les champs bien défoncés, composés de terres fortes, profondes et argileuses ; après quoi on laisse faire la nature. On peut commencer à récolter à la fin de la deuxième année. La récolte a lieu tous les trois ans dans la Vaucluse, et tous les quatre ans en Alsace. En Orient, et

notamment dans l'île de Chypre, on n'arrache les racines que
de cinq en cinq ans. Aussi l'alizari de cette provenance est-il
estimé supérieur à celui de France. La Garance, plantée dans
un bon terrain, donne par hectare 2,000 kilogr. de racines
fraîches qui, séchées, se réduisent à 700 ou 800 kilogr. On
conserve ces racines à l'abri de l'humidité jusqu'au moment où
elles sont portées au moulin pour être réduites en poudre.

Les racines, une fois arrachées, sont achetées aux cultivateurs par les fabricants de garance ou, au nom de ceux-ci, par
des courtiers spéciaux, pour lesquels ce genre de trafic est une
profession très lucrative. A Avignon et à Carpentras, qui sont
les deux principales places de France, et peut-être de l'Europe,
pour le commerce de l'alizari et de la garance, il y a deux
marchés par semaine. Il règne sur ces marchés une activité fié-
vreuse; les alizaris y sont l'objet de spéculations qu'on ne peut
comparer qu'à celles de la bourse de Paris. On retrouve là des
haussiers et des *baissiers,* et une mobilité de cours sur laquelle
les événements politiques et les autres causes de fluctuation
des fonds publics, des actions et obligations de chemins de fer
et des autres valeurs industrielles, exercent une influence de
tous les instants. Sur ces mêmes marchés, les affaires se font
exclusivement par l'entremise des courtiers qui parcourent les
campagnes, reçoivent la marchandise des mains des paysans et
se la font payer par les négociants, en ayant soin de se réserver
un droit de commission qui les rémunère largement de leurs
peines. Ce sont les agents de change de cette espèce de bourse,
et l'on compte parmi eux de nombreux exemples de fortunes
considérables et rapidement acquises.

C'est peut-être à cause de son double caractère militaire et
industriel que la Garance n'a jamais été célébrée par les poètes,
et que son nom n'est pas entré dans le langage littéraire comme
ceux de la pourpre, du carmin, du Carthame. Ce que c'était que
la pourpre des anciens, on ne le sait pas au juste; ils retiraient,
dit-on, cette couleur de divers coquillages, mais lesquels?...
Le carmin est la matière colorante qu'on prépare avec la co-

chenille; la cochenille est un insecte. Quant au CARTHAME, c'est une plante de la famille des Composées, tribu des Cynarées. Son nom botanique est *Carthamus tinctorius*. On le cultive soit pour l'ornement des jardins, en l'honneur de ses belles fleurs, soit pour extraire de ces mêmes fleurs les principes colorants qu'elles renferment, et qui sont au nombre de deux : l'un, jaune, très soluble dans l'eau, ressemble à celui du safran; l'autre, rouge, est soluble seulement dans les liqueurs alcalines, dont les acides le séparent en le précipitant.

Cette dernière couleur est très belle, et l'on en peut tirer les nuances les plus variées et les plus agréables; mais elle manque le solidité. On l'emploie surtout pour teindre les tissus de soie et de coton. Broyée avec du talc réduit en poudre extrêmement fine, elle constitue le fard qu'on désigne sous le nom de *rouge d'Espagne*, bien qu'il soit, dit-on, d'origine orientale. Les graines du Carthame sont un bon aliment pour les oiseaux. Les perroquets surtout en sont friands; ce qui a fait appeler ces semences *graines de perroquet*; mais pour l'homme elles sont un purgatif énergique, et c'est à ce titre qu'elles figuraient autrefois dans les officines. En résumé, la fleur est la seule partie vraiment intéressante du Carthame. On la connaît dans le commerce sous le nom de *safranum*, et on la reçoit de l'Espagne, de l'Égypte, de la Perse et de l'Inde. La plante elle-même est souvent appelée *Safran bâtard*. Ce vilain nom a l'inconvénient d'établir une sorte de confusion entre le Carthame et le Safran, qui est aussi à la fois une plante tinctoriale et une plante médicinale, mais qui ne ressemble d'ailleurs que fort peu au Carthame.

Le SAFRAN (*Crocus sativus*, famille des Iridées) est, à ce qu'on croit, originaire de l'Asie; mais il est répandu depuis longtemps dans le midi et même dans le centre de l'Europe. C'est une petite plante à bulbe tubéreux et non écailleux. Ce bulbe donne naissance à une longue spathe d'où partent plusieurs feuilles linéaires et quelques fleurs à périanthe violet pâle, et dont le pistil se termine par quelques stigmates creusés en cornet. Ce sont ces stigmates desséchés qui constituent proprement le safran du commerce; c'est pour les cueillir qu'on cultive en grand le *Crocus* dans plusieurs contrées, principalement en Turquie et en Espagne; en France, dans l'ancien Gâtinais (département de Seine-et-Marne) et dans les départements du

Le Safran.

Loiret, d'Eure-et-Loir et de Vaucluse; en Angleterre, près de Cambridge; en Allemagne, aux environs de Mœlk.

La récolte se fait, dans les safranières, au mois de septembre. On va tous les jours, ou au moins tous les deux jours, cueillir les fleurs entières, que l'on met dans des corbeilles. Le soir même on en détache les stigmates, et on les fait sécher, suspendus au-dessus d'un feu doux dans des tamis de crin, où l'on a soin de les remuer de temps en temps. Ils perdent par la dessiccation les $^4/_5$ au moins de leur poids; en sorte que le produit net d'un hectare de safran sec, pendant les deux années de rapport, ne dépasse pas 50 kilogrammes. M. Pereira a calculé que 1 grain (35 milligrammes) de safran du commerce contenait les styles et les stigmates de 9 fleurs. A ce compte, il faut 4,320 fleurs pour faire une once ou 31 grammes de safran, et 69,120 fleurs pour faire une livre ou 500 grammes. On comprend, d'après cela, pourquoi cette substance est toujours d'un prix très élevé : de 100 à 150 francs le kilogramme.

Le safran, préparé comme il vient d'être dit, est d'une couleur jaune orangé vif, qui a pris elle-même, dans le langage ordinaire, le nom de la plante. Il renferme un principe colorant très riche, dont une faible quantité suffit pour communiquer à une grande masse d'eau une teinte jaune doré très intense. Malheureusement le peu de stabilité de cette couleur ne permet pas de l'employer dans la teinture. On s'en sert beaucoup plus pour donner une nuance agréable, et quelquefois trompeuse, à certaines liqueurs, qui prennent en même temps l'arome pénétrant du safran. Il n'est pas rare non plus qu'on y ait recours pour jaunir les beurres trop blancs et imiter le ton *beurre frais,* qui est considéré comme propre aux beurres fins et récemment battus.

Le safran est utilisé en médecine comme stimulant et antispasmodique, etc.; mais c'est encore dans l'art culinaire qu'il trouve son principal emploi. Il entre, en effet, dans la préparation de plusieurs substances alimentaires, soit comme matière colorante, soit comme condiment et aromate. Il s'en fait, surtout en Orient et dans le Midi, une grande consommation.

En raison de son prix élevé, le safran est fort sujet aux falsifications. Tantôt on le mouille avec de l'eau ou avec de l'huile pour augmenter son poids; tantôt on le vend déjà épuisé de ses principes colorants ou aromatiques; ou bien on y mêle du *safranum* (fleurs de Carthame) ou des pétales de Souci. Enfin l'on va, s'il faut en croire M. Chevalier et d'autres respectables chimistes, jusqu'à falsifier le safran avec des fibres musculaires desséchées et teintes en jaune. *Infandum!*

Le safran est tellement considéré comme le type des teintures jaunes, que son nom a été donné, avec de légères variantes, à

des substances végétales et même à des substances minérales,
par cela seul qu'elles présentent des teintes analogues. Il y a
un safran métallique, le *crocus metallorum* (sulfure d'anti-
moine). Nous venons de voir que les fleurs de Carthame sont
appelées *safranum*. On désigne aussi sous le nom de *Safran des
Indes* les racines de *Curcuma longa* et *rotunda*, d'où l'on tire
une excellente teinture jaune. Ces plantes appartiennent à la
même famille que le Gingembre, et sont propres également
aux régions tropicales du continent asiatique et à l'archipel
Indien. On en rencontre aussi quelques variétés dans l'Amérique centrale et aux Antilles. La racine de Curcuma est
tubéreuse, allongée, coudée, noueuse, garnie aux nœuds de
quelques filaments charnus; sa couleur, lorsqu'elle est fraîche,
est gris jaunâtre. Lorsqu'elle est sèche, son écorce conserve à
peu près la même teinte, mais à l'intérieur elle est d'un jaune
orangé vif. Son odeur est pénétrante et rappelle celle du Gingembre. Sa saveur est aromatique, âcre et un peu amère. Cette
racine possède des vertus stomachiques, stimulantes et diurétiques. Il paraît même que son extrait, appliqué sur les ulcères
et les plaies de mauvaise nature, peut les modifier avantageusement. Néanmoins on ne l'emploie que rarement en médecine, et si les pharmaciens la font entrer dans quelques-unes
de leurs préparations, c'est plutôt comme matière colorante
que comme élément actif. C'est, en effet, à ses propriétés tinctoriales que le curcuma doit toute sa valeur. Le *jaune de curcuma* est très employé pour teindre la laine et la soie. Cette
teinture est soluble dans l'alcool, dans l'éther, dans les huiles
fixes et volatiles. Les alcalis exercent sur elle une action énergique et caractéristique, en faisant passer sa couleur du jaune
au rouge-brun. Aussi le papier et la teinture de curcuma sont-ils
au nombre des réactifs auxquels on a le plus souvent recours
dans les laboratoires pour reconnaître la nature neutre ou al-
caline des liquides et des gaz. L'extrait de curcuma, uni au
bleu d'indigo ou au bleu de Prusse, donne de belles couleurs
vertes, dont on se sert pour colorer les bonbons, les sirops,

le *baume tranquille*, l'onguent *populeum* et diverses autres préparations. Le commerce européen tire le curcuma, en quantités assez considérables, de l'Inde et de l'archipel Indien. On le distingue, d'après ses provenances et ses qualités, en trois sortes : le curcuma du Bengale, celui de Java et celui de Batavia. Le premier est le plus estimé.

LES PLANTES A FIBRES TEXTILES

I

LE CHANVRE ET LE LIN

Le Chanvre et le Lin sont certainement les deux plantes à fibres textiles dont l'usage, au moins chez les Européens et chez les peuples orientaux les plus rapprochés de l'Europe, remonte à la plus haute antiquité. Les historiens et les poètes anciens nous montrent les femmes de la plus honorable condition, les princesses et même les déesses terricoles, occupées avec leurs esclaves et leurs compagnes à filer le lin et la laine. Mais le lin seul servait à fabriquer des tissus dont on faisait des robes et des tuniques d'un prix élevé : vêtements réservés aux prêtres, aux prêtresses, qui s'en couvraient seulement pour les cérémonies sacrées, et aux personnes, surtout aux femmes de haut rang. Avec le chanvre on ne fabriquait que des cordes, des filets de pêche, et jusqu'à la fin du xvi° siècle il n'eut pas d'autre emploi. La *cravate de chanvre* était jadis, dans l'argot populaire, une sorte d'euphémisme pour désigner la corde du gibet. Au temps d'Olivier de Serres, on ne faisait encore avec le chanvre que des tissus très grossiers, et l'on citait comme objets d'un luxe extraordinaire, ainsi que comme un vrai tour de force du fabricant, les deux chemises en toile de chanvre que possédait la reine Catherine de Médicis. De nos jours, les anciens usages du Chanvre, c'est-à-dire la fabrication des cordes, des ficelles, de la toile d'emballage, etc., sont encore de beaucoup les plus importants; toutefois on utilise la belle filasse, concurremment avec le lin et le coton, pour tisser des toiles dont on peut faire des draps de lit, des serviettes et même du linge de corps d'une finesse supportable et d'une grande solidité.

Le CHANVRE (*Cannabis*) constitue un genre établi par Tournefort et adopté par les botanistes modernes, mais qui, après avoir été placé dans la famille des Urticées, est devenu le type d'une petite famille créée par Endlicher : celle des Cannabinées, composée de deux genres seulement : le genre *Cannabis* et le genre *Humulus*. Les divisions du premier sont-elles des espèces ou de simples variétés? C'est là une question sur laquelle les auteurs ne sont pas bien d'accord. Plusieurs n'admettent dans le genre *Cannabis* qu'une seule espèce, qui, selon eux, ne varie, comme toutes les plantes, que par l'effet des conditions de climat, de terrain, de culture auxquelles elle est soumise.

Quoi qu'il en soit, l'espèce, ou la variété commune (*Cannabis sativa*), est une plante annuelle, originaire du centre de l'Asie, transportée depuis des siècles en Europe, où elle a parfaitement réussi. Cette plante est dioïque, et il existe une différence très sensible entre le Chanvre mâle et le Chanvre femelle. Les personnes les moins initiées à la botanique ne peuvent les confondre. Seulement c'est un préjugé très répandu parmi nos paysans de croire que les individus les plus grands, les plus robustes, les plus vivaces sont les mâles, et que les plus petits, ceux qui vivent le moins longtemps, sont les femelles. C'est le contraire qui est la vérité, et les choses sont, pour la plante dont nous parlons, l'inverse de ce qu'on observe dans l'espèce

humaine et chez un grand nombre d'animaux. Le Chanvre femelle, devant porter à maturité les semences destinées à per-
pétuer l'espèce, est naturellement plus forte et vit plus longtemps
que le mâle, dont le rôle est terminé dès qu'il a livré au vent
sa poussière fécondante.

C'est aussi une erreur de croire que le chanvre n'est pas une
plante de grande culture. Il convient, au contraire, parfaite-

Le Chanvre mâle et femelle.

ment aux exploitations importantes. Seulement il faut savoir lui
choisir un sol et un climat favorables. L'extrême sécheresse et
l'excès d'humidité lui sont également nuisibles. Dans le premier
cas, il se rabougrit et ne pousse pas, sa fibre est tenace, mais
courte et rude ; dans le second, il croît en hauteur, mais il reste
malingre, sans force, et ne donne que des produits de mauvaise qualité.

Le semis se fait, selon les localités, aux mois de mars,
d'avril, de mai ou même de juin, et la récolte commence trois
à quatre mois après. On récolte d'abord le Chanvre mâle, qui
jaunit le premier ; puis, un mois ou six semaines plus tard, le
Chanvre femelle, et l'on sépare de ce dernier la graine (*chènevis*)

en passant la tête de la plante à l'égrugeoir. Le chènevis entre, comme chacun sait, pour une part considérable dans l'alimentation des oiseaux de basse-cour et des oiseaux de volière. Il y a même des pays, dans le nord de l'Europe, où les hommes ne le dédaignent pas. On en extrait d'ailleurs une huile qu'on peut employer soit pour l'éclairage, soit pour la fabrication des savons.

Le Chanvre, arraché et séché, est soumis à une opération qu'on nomme le *rouissage*, et qui a pour objet de séparer, par la fermentation, les fibres ligneuses unies entre elles par une substance gommo-résineuse. Il existe trois systèmes de rouissages, employés suivant les pays : le rouissage dans l'eau stagnante, qui est fort malsain à cause des émanations délétères dont il provoque le dégagement; le rouissage à l'eau courante, qui est préférable sous le rapport hygiénique aussi bien que sous le rapport industriel, mais qui a l'inconvénient de faire périr les poissons, empoisonnés par la substance narcotique dont la plante est imprégnée dans toutes ses parties; enfin le rouissage sur pré, plus lent que le précédent, mais parfaitement inoffensif et donnant de très bons résultats. On a proposé quelques *routoirs* mécaniques, dont aucun n'a réussi, et l'on est revenu au rouissage sur pré, qui a pris, depuis plusieurs années, une grande extension.

Lorsque le rouissage est terminé, on sèche de nouveau le Chanvre, et on le sépare de la chènevotte par une manipulation qui varie aussi selon les contrées. En beaucoup d'endroits on pratique le *teillage*, qui se fait à la main. Ailleurs on a recours à des procédés mécaniques qu'on appelle le *broyage* et le *ribage*. La dernière opération est celle du *sérançage*, qui a pour but d'affiner la filasse. Le teillage est encore en faveur dans la Bourgogne et dans la Champagne. En Picardie, en Alsace et en Anjou on préfère le broyage.

Le rendement moyen d'un hectare de Chanvre est de 650 à 700 kilogrammes de filasse, et d'une quantité de chènevis à peu près triple de celle qui a servi à l'ensemencement. La tige de la plante, après qu'on en a retiré la filasse, est à peu près sans usage. Toutefois on en fait, dans certains départements, des allumettes soufrées. Elle donne aussi un charbon assez propre à la fabrication de la poudre, mais difficile à préparer à cause de la rapidité avec laquelle il se réduit en cendre.

Dans quelques contrées de l'Asie on fume les feuilles du Chanvre mêlées avec celles du Tabac. Enfin c'est du Chanvre indien que s'extrait la substance narcotique et enivrante qu'on nomme *hachisch* [1].

Le LIN (*Linum usitatissimum*) est l'espèce type d'un genre qui lui-même donne son nom à la famille des Linées ou Linacées. C'est une plante annuelle, à tige droite et cylindrique, haute de 50 à 60 centimètres, rameuse à sa partie supérieure. Ses feuilles sont linéaires, lancéolées, aiguës et d'un ton glauque. Ses fleurs sont d'un bleu clair un peu grisâtre. Ses semences, dont la forme et l'aspect sont bien connus, ont une grande importance industrielle et commerciale, comme graines oléagineuses et à cause de leur fréquent emploi en médecine, principalement sous forme de farine. L'huile de lin est jaunâtre, visqueuse et très siccative. Cette dernière propriété est encore augmentée lorsqu'on a fait bouillir l'huile de lin avec de la litharge. En la faisant bouillir seule. pendant quelques heures, on obtient après refroidissement une glu excellente pour prendre les oiseaux. C'est avec l'huile de lin qu'on prépare les couleurs dont se servent les peintres. Elle est aussi employée dans la fabrication des savons. Les graines de lin renferment environ 10 p. 100 d'un mucilage très visqueux auquel on attribue des propriétés émollientes très caractérisées. Ai-je besoin de rappeler que le topique émollient par excellence, le classique cataplasme, est fait de farine de graine de lin?

Le Lin croît spontanément dans nos champs. On le cultive en grand dans le nord de la France, en Silésie, en Belgique,

---

[1] Voyez, au sujet du hachisch, notre livre des *Poisons*.

en Hollande, en Russie, en Angleterre, etc. Sa culture est simple et facile. Le plus ordinairement on le sème au printemps. Dans quelques localités cependant les semis se font en automne, avec la graine de la variété dite *Lin d'hiver*. La plante est mûre lorsqu'on voit jaunir les tiges et les capsules. La récolte se fait alors par arrachage, et l'on réunit les pieds en petites bottes, de manière à favoriser la dessiccation. On sépare les graines, soit en froissant dans la main l'extrémité des tiges, soit en les battant légèrement ou en les faisant passer entre les dents d'une espèce de râteau. Quant à la filasse, on la sépare, comme celle du Chanvre, par le rouissage. On connaît deux procédés principaux pour le rouissage du Lin : le procédé ancien, ou procédé agricole, qui est encore le plus répandu en Allemagne, en Hollande et en Russie, et le procédé nouveau, ou procédé manufacturier, qui est généralement adopté en Angleterre, en Belgique et en France.

Le premier consiste à immerger le Lin dans l'eau courante, ou à l'étendre sur le pré. Le second opère le rouissage dans l'eau chaude, où l'on ajoute quelquefois des substances qui agissent chimiquement sur la plante et favorisent la désagrégation des fibres. A l'opération du rouissage succèdent celles du teillage et du *peignage*.

Le teillage, appelé aussi broyage ou *macquage*, a pour but d'écraser la partie ligneuse de la tige du Lin, et de la séparer ainsi des fibres corticales. Le teillage est suivi de l'*espadage* ou du *raclage*, opérations qui ont toutes deux le même but, à savoir d'enlever les brins ligneux restés adhérents à la filasse après le broyage. La racloire est fort employée en Westphalie et dans les districts voisins. En Belgique, on *espade* le lin avec une sorte de hachoir en bois. En même temps que l'espade ou la racloire sépare les brins de paille, elle enlève aussi l'étoupe la plus grossière, formée des fibres les plus courtes et de celles qui viennent à se rompre, et mélangée de beaucoup de débris ligneux. Cette étoupe se vend à part. Elle sert surtout à faire des sacs et des toiles d'emballage.

Le peignage a pour but de diviser parfaitement les brins sans les briser, de les assouplir sans les fatiguer, enfin de les ranger autant que possible parallèlement. Les étoupes provenant de cette opération sont beaucoup plus belles et plus propres que celles qu'on obtient par l'espadage ou le raclage, et se vendent aussi à part, après avoir été cardées.

Le Lin.

Lorsque le Lin a été roui, teillé ou peigné, on le file. Autrefois, — que dis-je? — jusqu'à une époque qui ne remonte pas au delà des premières années de ce siècle, on ne filait le lin qu'à la main, avec le rouet et les fuseaux. C'était un procédé peu économique, peu expéditif, et qui constituait le lin dans un état d'infériorité humiliant à l'égard de son rival, le coton, dont les machines avaient eu raison, en Angleterre, depuis une trentaine d'années, alors que la filature de lin en était encore à l'enfance de l'art. Or, sous le règne glorieux de Napoléon Ier, la France, qui manquait de sucre et d'indigo, manquait aussi de coton. L'empereur, s'efforçant de remplacer les produits étrangers par des produits nationaux, le sucre de canne par le sucre de betterave et l'indigo par le pastel, se mit en tête que

le lin deviendrait, industriellement et commercialement parlant, l'égal du coton le jour où, comme celui-ci, il pourrait
être filé mécaniquement. En conséquence, il institua un prix
d'un million pour l'inventeur, à quelque nation qu'il appar-
tînt, de la meilleure machine à filer le lin (décret du 7 mai 1810).
A vrai dire, les conditions que devait réunir la machine n'étaient
pas d'une réalisation facile, et la récompense promise devait
être réduite au prorata, pour ainsi dire, de l'inexécution d'une
ou de plusieurs des conditions requises.

Le concours demeura ouvert pendant trois années, du 7 mai
1810 au 7 mai 1813. Les concurrents devaient envoyer à Paris
leurs machines elles-mêmes, et non des plans ou des dessins.
La commission chargée de les examiner et de les juger était
présidée par l'illustre savant Gaspard Monge. En 1813, le prix ne
fut point décerné : on n'a jamais su pourquoi; car il avait été
bien et dûment gagné par l'ingénieur français Philippe de Girard.
Celui-ci avait pris, dès le 18 juillet 1810, un brevet où était décrit son procédé, qu'il mit en pratique : en 1813 et en 1815,
dans deux usines montées par lui à Paris; en 1816, dans la
manufacture impériale (autrichienne) de Hirtenberg; enfin,
en 1819, dans la filature de M. Kraus, à Chemnitz, en Saxe.
En même temps ses associés, qui s'étaient séparés de lui,
avaient porté son invention en Angleterre. C'est de là que,
comme tant d'autres, elle nous est revenue bien des années
après, en contrebande, — car l'exportation des machines à filer
le lin était prohibée. — Les héritiers de Philippe de Girard ré-
clamèrent alors le prix que cet ingénieur avait mérité. Une loi
du 7 janvier 1853 leur a accordé une pension.

II

LE COTONNIER

La belle invention de Philippe de Girard, même après les
perfectionnements qui, depuis son origine, y ont été apportés,
n'a point résolu le problème que Napoléon avait proposé aux
ingénieurs de son temps. Le lin et le coton ont conservé leurs
positions relatives. Chose en apparence bizarre : la fibre fournie
par la plante indigène, une plante commune, qui n'exige
presque point de culture, et que nous pouvons faire pousser à
foison dans nos champs, — cette fibre est celle qui fournit les
tissus d'un prix élevé, la belle toile de Hollande, la batiste, la
dentelle, en un mot, les produits du luxe, le linge aristocratique; et le duvet de la plante tropicale, qu'il faut aller chercher aux Indes et en Amérique, est toujours seul propre à
donner les tissus que leur bon marché met à la portée des plus
pauvres. La cause de cette anomalie est toute simple : elle
tient non au prix de revient de la matière première, mais à
celui de la main-d'œuvre, qui est forcément beaucoup plus
élevé pour le lin que pour le coton. Ce qui manque au premier, comme à toutes les fibres *longues;* pour donner naissance
à des produits qui se vendent à bon compte, c'est de pouvoir
être filé économiquement. On s'est efforcé de *cotoniser* ces
fibres, c'est-à-dire de les modifier de façon qu'elles pussent
être filées, non pas sur les métiers de Philippe de Girard,
mais sur les mêmes métiers qui servent à filer le coton. Tous
les essais tentés dans ce but ont échoué, et n'ont fait que

mieux asseoir la souveraineté du « roi Coton, — *king Cotton* », comme l'appellent les Américains ; — bon prince, il faut l'avouer, puisque ses sujets en vivent, et que sa puissance ne repose que sur les inestimables services qu'il nous rend !

Si cette précieuse substance, utile entre toutes, est nouvelle pour nous autres Occidentaux, il y a bien des siècles que ses qualités ont été appréciées par les peuples de l'Inde et de l'Égypte. En effet, Hérodote dit explicitement que les Indiens cultivaient une plante qui produisait, au lieu de fruits, une laine plus belle et plus douce que celle des moutons, et il est démontré aujourd'hui que les bandelettes qui enveloppent les momies retrouvées dans les cryptes égyptiennes sont faites, non pas avec du lin ou du chanvre, comme on l'a cru longtemps, mais avec du coton. Il faut cependant arriver au i^{er} siècle de l'ère chrétienne pour trouver, dans la curieuse relation qu'Arien nous a laissée de son *Periplus maris Erythræi*, un témoignage des premières importations des tissus de coton d'Asie en Europe par l'entremise des Arabes. Pendant longtemps encore ces tissus n'arrivèrent en Occident que de loin en loin, et la plante qui en fournissait la matière première demeura totalement inconnue jusqu'au xe siècle, où elle fut, dit-on, introduite en Espagne. Ce fut aussi à Barcelone que l'industrie cotonnière débuta en Europe (1250). Elle passa de là à Venise et à Milan, puis à Bruges (1560); elle ne pénétra en Angleterre qu'au xvie siècle, et en France qu'au xviie.

La fabrication des tissus de coton était déjà parvenue, sur plusieurs points de l'Amérique, à un degré de perfection très avancé, lorsque les premiers navigateurs européens abordèrent sur les rivages de ce continent, où le Cotonnier croissait spontanément.

« Les Patagons liaient leurs cheveux avec des cordons de coton, et cette laine végétale était si abondante au Brésil, que les habitants en formaient leurs lits. A San-Salvador, où Colomb prit terre d'abord, les Espagnols, qui en dépeignent les femmes comme portant des vêtements courts en coton, échangèrent des chapeaux, des rosaires et d'autres objets sans valeur intrinsèque contre du coton filé.

« Les Mexicains tissaient avec cette matière leurs principaux vêtements, puisqu'ils n'avaient ni laine, ni chanvre, ni soie, et qu'ils ne se servaient pas du Lin, qui cependant croissait chez eux. Ils fabriquaient de larges toiles de coton, aussi fines et aussi belles que celles de Hollande, qui furent fort estimées en Europe. Parmi les présents envoyés à Charles-Quint par Fernand Cortez, le conquérant du Mexique, on remarquait des manteaux, des vestes, des mouchoirs et des tissus de coton d'une finesse exquise, teints de diverses couleurs. Les Mexicains fabriquaient aussi du papier de coton; une de leurs monnaies consistait en une petite pièce de coton, etc.

« Même aussi loin vers le nord que le Mississipi, les premiers explorateurs de ce fleuve et des rivières ses tributaires virent « le coton croître à l'état sauvage, dans sa cosse, et en grande « abondance ».

« Ces faits, qu'on pourrait multiplier, sont rapportés dans le but de réfuter l'opinion fondée, sur le témoignage négatif du capitaine Cook, « que le *Gossypium* n'est pas un produit indi-« gène de l'hémisphère occidental [1]. »

Les COTONNIERS (genre *Gossypium*, famille des Malvacées) sont des plantes de petite ou de moyenne taille, à tige assez frêle, à feuilles ovales-lancéolées, luisantes, d'un vert sombre. Leurs fleurs ressemblent à celles de la Mauve; leur fruit est une capsule arrondie ou ovale, pointue au sommet, divisée en trois ou quatre loges, qui renferment les graines enveloppées d'un duvet filamenteux blanc ou jaunâtre. Lorsque le fruit est mûr, il s'ouvre et laisse échapper ou plutôt déborder le duvet, qui offre l'aspect d'une légère houppe floconneuse. Les Cotonniers croissent spontanément dans les parties chaudes de l'Asie et dans l'Amérique centrale. Ils sont peu répandus en dehors de

---

[1] *Dictionnaire universel du commerce et de la navigation.* Art. COTON.

ces deux régions; mais la culture les y a considérablement multipliés. C'est surtout dans les États du sud de l'Union américaine que cette culture a pris des proportions gigantesques. Ces
États avaient conquis rapidement, et ils ont conservé jusqu'en
1860 le lucratif privilège d'approvisionner de coton toutes les
filatures de l'Europe; ce qui a fait dire que le coton des États-

Feuilles, fleurs et fruits du Cotonnier.

Unis était en quelque sorte « le pain de l'industrie du continent européen ».

Mais lorsque éclata la longue et désastreuse guerre entre le
Nord et le Sud de la grande confédération, ce pain manqua
tout à coup. Les Anglais se repentirent alors d'avoir laissé se
ralentir la culture du Cotonnier dans leurs possessions de
l'Inde, d'où ils ne tiraient plus que des quantités de coton
relativement insignifiantes, et ils se mirent en devoir de lui
rendre une nouvelle activité. On s'occupa en même temps d'établir des plantations de Cotonniers partout où le sol et le climat
paraissaient favorables, et notamment en Égypte, où ces essais
ont donné de bons résultats. Au moment où j'écris, les États
du sud de l'Union sont encore loin d'avoir retrouvé leur an-

cienne prospérité agricole et commerciale, et l'on peut croire
que les autres nations, plus prévoyantes que par le passé, ne
leur abandonneront plus désormais un monopole toujours dangereux; car, dit sagement le proverbe, « il ne faut pas mettre
tous ses œufs dans le même panier. »

En résumé, le Cotonnier est cultivé actuellement dans l'Inde,
l'Indo-Chine, la Chine et le Japon, à Java, à Bornéo et dans

Récolte du coton.

quelques autres îles de l'archipel Indien; dans la Syrie, l'Asie
Mineure et l'île de Chypre; en Égypte et dans quelques autres
parties de l'Afrique; dans les colonies anglaises et françaises
des Antilles; enfin aux États-Unis : dans l'Alabama, le Mobile,
la Louisiane, la Floride, la Géorgie, les Carolines et la Virginie.

On cultive de préférence trois espèces de Cotonnier : le Cotonnier herbacé, le Cotonnier arbrisseau et le Cotonnier en
arbre. Le premier paraît être originaire de l'Inde, de la Perse
et de la Syrie. C'est l'espèce la plus rustique, bien qu'elle soit
encore très délicate; c'est celle dont la culture est la plus répandue. Ce Cotonnier atteint environ 1 mètre de hauteur. Il

peut vivre plusieurs années, bien qu'on préfère généralement le cultiver comme plante annuelle.

Le Cotonnier arbrisseau a pour patrie le Céleste Empire; c'est de là qu'il s'est propagé au Japon, dans l'archipel Indien, puis dans les îles Mascaraignes, et de là aux Antilles. Il en existe deux variétés : l'une à duvet blanc, l'autre à duvet jaune. C'est avec cette dernière que les Chinois ont les premiers fabriqué le joli tissu connu sous le nom de *nankin*.

Le Cotonnier en arbre est de dimensions très modestes, bien que son nom puisse faire croire le contraire. Il passe pour grand lorsqu'il atteint une hauteur de 5 mètres. Sa fleur est d'un rouge violacé. Son origine est incertaine.

Les distinctions que la science botanique a établies entre les espèces et les variétés du genre *Gossypium* ont peu d'importance aux yeux des planteurs et des négociants, qui se soucient beaucoup plus de la qualité du produit, et qui distinguent le coton en deux types principaux : les cotons *courte soie (uplands greed seed cotton*, coton des hautes terres, à graine verte), et les cotons *longue soie (sea-islands black seed cotton*, coton des îles à graine noire). Les cotons longue soie sont beaucoup plus estimés que les courte soie; mais la culture en est moins profitable : aussi les seconds tendent-ils presque partout à remplacer les premiers.

La culture du coton est peu compliquée; mais elle exige le choix d'un bon terrain et des précautions assez minutieuses. « Dans un sol trop riche ou trop humide, l'arbuste croît rapidement et se couvre de fleurs; mais la capsule tombe avec les pétales, comme les fruits de nos vergers qui ne sont pas noués. Dans un sol trop sec, le Cotonnier ne fleurit presque pas. Plusieurs espèces d'insectes l'attaquent, depuis sa jeunesse jusqu'au moment de sa fructification, et souvent compromettent la récolte. Enfin l'état de l'air, le plus ou moins de soleil ou de pluie, influent sur l'abondance et la qualité des produits. Le planteur a autant de sujets d'inquiétude que le vigneron[1]. »

[1] *Musée des sciences*, tome II. — Art. de M. L. Platt.

C'est, dit-on, un charmant spectacle que celui d'une plantation de Cotonniers au moment de la récolte. Qu'on se représente un vaste tapis de verdure étendu sur des collines ondu-
leuses, et parsemé d'innombrables flocons blancs. Sous les
tropiques, la récolte se fait deux fois l'an. Elle consiste à arracher les touffes de duvet avec les graines, auxquelles le coton
adhère fortement, et dont il faut ensuite le séparer. Cet épluchage est fort long lorsqu'il se fait à la main. Il y faut toute
la patience de l'Indou, qui passe une journée à éplucher une
livre de coton. Mais on pense bien que les Américains, par
exemple, ne s'accommodent point de ce procédé par trop primitif, et que chez eux l'épluchage du coton se fait, comme toutes
les autres opérations industrielles, à la mécanique. Leur *saw
gin*, sorte de moulin à scie, nettoie par jour 500 kilogrammes
de coton. Le produit est ensuite vanné au moyen d'un appareil
analogue aux tarares dont se servent nos cultivateurs. On obtient ainsi ce qu'on nomme le « coton en laine », qui s'expédie
en Europe en grosses balles dont la forme, le poids et l'enveloppe varient selon les pays.

C'est en cet état que le coton est acheté par les filateurs.
Ceux-ci commencent par le nettoyer à fond et à le démêler au
moyen d'un appareil spécial nommé *willow*. Le coton est ensuite
battu, *étalé*, cardé, étiré, enfin filé, — toujours mécaniquement, cela va sans dire. La machine à filer le coton est connue
en Angleterre sous le nom de *mull-jenny*. L'idée fondamentale
de cet ingénieux et utile appareil est due au célèbre Richard
Arkwright.

LES PLANTES RÉSINEUSES ET GOMMEUSES

On trouve dans le commerce, sous les noms de résines, de
baumes, de gommes-résines, de gommes, un grand nombre
de substances douées de propriétés et susceptibles d'applications diverses, mais ayant pour caractères communs de se trouver à l'état fluide, c'est-à-dire en dissolution ou en suspension
dans les tissus végétaux, et de s'épaissir au contact de l'air, en
acquérant une dureté plus ou moins grande. Le nombre de ces
substances est considérable, et leur origine est parfois incertaine. Nous nous occuperons seulement de celles qui jouent
dans les arts un rôle important, et qui sont fournies par des
végétaux dont l'espèce a pu être déterminée avec quelque
certitude.

I

LES RÉSINES ET LES TÉRÉBENTHINES — LE SAPIN
— LE PIN MARITIME — LE MÉLÈZE — LE TÉRÉBINTHE —
LE LENTISQUE — LES ARBRES A ENCENS

Les résines sont les principes immédiats solides de deux
genres de substances très semblables entre elles, les *térébenthines* et les *baumes,* où les résines se trouvent associées à un

principe liquide et volatil, qui est ce qu'on nomme une *essence* ou une *huile essentielle.* Les résines, par leur composition chimique et par leurs propriétés, se rapprochent beaucoup des essences. Elles n'en diffèrent que par leur consistance, et parce qu'elles contiennent de l'oxygène, tandis que les essences sont formées seulement d'hydrogène et de carbone. Il est même permis de croire que les résines ne sont, en général, que le produit de l'oxydation de certaines huiles essentielles; d'autant que celles-ci, exposées au contact de l'air, en absorbent peu à peu l'oxygène, épaississent, deviennent solides, en un mot, se résinifient. Les huiles fixes siccatives, telles, par exemple, que l'huile de lin, présentent le même phénomène. On trouve aussi cependant des résines sèches, exemptes de principe liquide; mais on peut également les considérer comme des huiles essentielles très oxydables, qui se sont résinifiées intégralement dans le tissu même de la plante qui les fournit...

Quoi qu'il en soit, les résines, ainsi que les térébenthines, les baumes et les huiles essentielles, sont contenues dans les réservoirs ou vaisseaux de sucs propres, et dans les méats qui se trouvent principalement dans l'écorce de certains arbres, notamment de ceux de la famille des Conifères : Pins et Sapins, Mélèzes, Genévriers, etc. Elles en découlent, soit spontanément par les gerçures naturelles de l'écorce, soit par des incisions artificielles. Quelquefois, au moyen de l'huile essentielle qui leur sert de véhicule, elles se répandent dans le tissu ligneux du tronc et des branches : c'est ce qu'on observe, par exemple, dans les bois odorants.

Les résines sont tantôt blanches, tantôt d'une couleur jaunâtre qui ordinairement devient plus foncée au contact de l'air. Elles sortent de l'écorce du végétal à l'état de suc visqueux plus ou moins fluide; mais elles ne tardent pas à se concréter et à se solidifier. Elles sont translucides, fusibles à une température peu élevée, très inflammables; elles brûlent avec une flamme fuligineuse; frottées avec de la laine, elles prennent l'électricité négative, qu'on appelait autrefois électricité *rési-*

neuse, par opposition à l'électricité *vitrée* ou positive, qui se développe sur le verre. Elles sont presque toujours plus ou moins odorantes, tantôt insipides, tantôt douées d'une saveur âcre ou amère. L'eau ne les dissout point; mais elles sont solubles dans les huiles volatiles, dans l'éther et dans l'alcool. Presque toutes renferment, en outre du principe résineux proprement dit et de l'huile essentielle, une matière colorante et un acide libre. Elles sont susceptibles de se combiner avec les alcalis, et de donner naissance à des savons, dits savons résineux, dont on se sert aux États-Unis, au Canada, en Angleterre, en Allemagne et en France, pour le collage du papier à la cuve.

Les résines ne sont, comme nous l'avons dit plus haut, que des dérivés des térébenthines. Chez les anciens, le mot *térébenthine* était un adjectif qui, ajouté au nom générique *résine,* désignait exclusivement le produit résineux et fluide fourni par le Térébinthe (*Pistacia terebenthus*) et qu'on appelle aujourd'hui *térébenthine de Chio.* Les Latins disaient donc *resina terebenthina,* comme ils disaient *resina lentiscina* (résine du Lentisque), *resina abietina* (résine du Sapin), etc. Par la suite, la préférence accordée à la résine térébenthine, qu'on appela simplement térébenthine, a fait considérer cette substance comme le type des produits analogues, et l'on en est venu à employer le mot térébenthine non plus comme un adjectif spécifique, mais comme un nom générique. On applique aujourd'hui ce terme à toutes les substances végétales fluides composées d'un principe résineux solide et d'une huile essentielle, et ne contenant point d'acide benzoïque ou cinnamique. Les produits naturels, tout à fait semblables du reste aux térébenthines, qui renferment ces acides, forment un genre à part sous le nom de *baumes.* Nous en parlerons ci-après.

Les térébenthines fournies par les arbres appartenant à la famille des Conifères sont de beaucoup les plus employées, et constituent une classe de matières premières très importantes par les applications qu'elles reçoivent et par les transactions

dont elles sont l'objet. Ces térébenthines se recueillent partout
où croissent les Pins, les Sapins, les Mélèzes, mais principalement dans le nord de l'Europe et de l'Amérique, en Suisse, en
Allemagne, et en France dans les Vosges, les Alpes, les Pyrénées, et dans les départements des Landes et de la Gironde.
Les espèces indigènes d'où l'on tire les térébenthines, et par
suite les résines et autres produits secondaires les plus répandus dans le commerce, sont le Sapin vrai, le Pin maritime,
le Mélèze, le Térébinthe et le Lentisque.

Le Sapin vrai, appelé aussi *Sapin argenté* ou *Avet* (*Abies
pectinata* ou *saxifolia, Pinus picea*), est un grand et bel arbre à
port pyramidal, à branches dirigées horizontalement, à feuilles
linéaires, planes, coriaces et disposées sur les jeunes rameaux
comme les dents d'un peigne. Les Sapins argentés croissent
en abondance sur toutes les hautes montagnes de l'Europe, et
forment de grandes forêts sur les Alpes du Tyrol, du Valais, du
Dauphiné, sur les Cévennes, les Vosges et le Jura, en Suède, en
Norwège, en Russie et dans le Nord de l'Allemagne. Ces arbres
ne commencent à donner de la térébenthine que lorsqu'ils ont
un diamètre de 8 à 10 centimètres, et ils cessent d'en produire
quand leur circonférence atteint environ 1 mètre. Au printemps et en automne, le suc résineux suinte à travers l'écorce,
et vient former à sa surface de petites utricules que les paysans
(dans les Alpes et les Vosges, ce sont ordinairement des ber-
gers qui font cette récolte) crèvent en raclant l'écorce avec
un cornet de fer-blanc qui reçoit la térébenthine. Ils vident
ce cornet dans une bouteille suspendue à leur côté. La térébenthine est ensuite filtrée dans des entonnoirs en écorce.
La quantité qu'un homme en peut récolter ainsi ne dépasse
pas 125 grammes par jour. Aussi cette térébenthine est-elle
rare et d'un prix élevé.

Nous avons déjà parlé des Pins, ces arbres majestueux à
tige haute et droite, à feuilles aciculaires, et dont le fruit, ap-

pélé *cône* ou *pomme de Pin,* est formé d'écailles ligneuses, lustrées, et d'une belle couleur brune. L'espèce qui donne le plus de matière résineuse est le *Pin maritime* cultivé en grand, pour cet objet dans la Gironde et dans les Landes. La térébenthine qu'on en extrait est dite térébenthine de Bordeaux.

La culture du Pin maritime et l'industrie agricole des résines sont à peu près la seule source de richesse de tout le pays qui s'étend entre Bordeaux et Bayonne, sur une longueur de 160 à 180 kilomètres et une largeur moyenne de 80 kilomètres environ. J'emprunte à un excellent mémoire, présenté il y a quelques années à la société des ingénieurs civils par M. Camille Tronquoy, les renseignements suivants relatifs à l'importance de cette industrie et à la nature de ses produits.

« Dans les landes de Gascogne, plus de 140,000 hectares d'anciennes landes et de dunes sont plantés de Pins, et chaque année des sommes considérables sont dépensées pour de nouvelles plantations, soit par l'État, soit par des particuliers qui, dans un temps assez rapproché, trouvent un bénéfice assuré... C'est à vingt ans qu'on peut généralement commencer à résiner les Pins; mais dans quelques terrains il faut attendre jusqu'à trente à quarante ans. »

Les produits qu'on obtient par le résinage des Pins sont les suivants :

Produits naturels ou d'exsudation : 1° la *gomme* ou résine molle, toujours mêlée de matières solides étrangères; 2° les résines *crottes* ou *crottas,* mélange de résine molle et de galipot, recueilli en septembre et pendant la première quinzaine d'octobre, au pied des arbres, dans les *crots,* et souillé de sable et de feuilles; 3° les *galipots,* matière presque solide qui forme des stalactites le long des arbres, par suite de l'évaporation de l'essence; 4° les *barras,* qui sont des galipots tout à fait secs, adhérant à l'arbre, et qu'il faut arracher avec un instrument en fer;

Produits de l'épuration des résines molles récoltées brutes : les *térébenthines;*

14

Produit de la distillation des résines molles et des résines concrètes : *huile* ou *essence de térébenthine;*

Résidus de la même distillation : *brais secs, arcanson* ou *colophane,* qui, brassés avec de l'eau et mêlés avec 15 ou 20 p. 100 de barras, donnent la résine jaune;

Produits obtenus par la combustion des bois de Pin ou des débris de manipulation; produits liquides : *goudrons;* produits concrets : *brai gras* et *poix.*

Le Mélèze (*Larix*), espèce très voisine du Sapin, se distingue de celui-ci par ses feuilles, qui naissent par fascicules de bourgeons écailleux, et deviennent ensuite solitaires et éparses par l'allongement du bourgeon. Ces feuilles persistent pendant un hiver. Le Mélèze renferme une assez grande quantité de térébenthine; mais il n'en laisse exsuder que très peu par les fissures naturelles de son écorce, ou même par les entailles qu'on y fait avec la hache. On est obligé de pratiquer dans le tronc, avec une tarière, un certain nombre de trous, en commençant à 1 mètre environ au-dessus du sol, et en continuant jusqu'à une hauteur de 4 mètres. On adapte à chaque trou un tuyau en bois qui conduit la résine, dans une auge d'où on la retire pour la tamiser. Lorsqu'un trou ne donne plus de térébenthine, on le bouche avec une cheville, et on le rouvre quinze jours après; il en donne alors une nouvelle quantité plus considérable que la première. La récolte dure de mai en septembre. Chaque arbre donne de 3 à 4 kilogrammes de térébenthine, et peut produire pendant quarante à cinquante ans. La térébenthine de Mélèze se récolte principalement en Suisse. Elle est très peu siccative. Étendue en couche mince sur une feuille de papier, elle colle encore fortement au doigt au bout de quinze jours.

La *térébenthine de Chio,* qui est la véritable térébenthine des anciens, s'échappe naturellement, pendant l'été, des fissures de l'écorce du Térébinthe (famille des Térébinthacées), qui

croît dans le Levant, dans le nord de l'Afrique et dans l'île de
Chio. Mais on obtient le suc résineux en plus grande abondance
à l'aide d'incisions faites au printemps dans l'écorce du tronc
et des principales branches. Ce suc en découle pendant tout
l'été, et tombe sur des pierres plates placées au pied de l'arbre.
C'est là qu'on le recueille tous les matins, lorsque la fraîcheur
de la nuit l'a fait épaissir. On le purifie en le passant, à la
chaleur du soleil, à travers de petits paniers. Un térébinthe âgé
de soixante ans, et dont le tronc a de 13 à 16 décimètres de
circonférence, ne donne pas, chaque année, plus de 300 à
350 grammes de térébenthine. Aussi cette térébenthine est-elle
peu abondante et fort chère, d'autant qu'on la tient pour supérieure en qualité aux autres produits analogues. Elle est très
consistante, presque solide même, de couleur grisâtre, douée
d'une odeur assez agréable et d'une saveur parfumée, sans
âcreté ni amertume. Elle se dissout entièrement dans l'éther;
mais elle laisse dans l'alcool un résidu glutineux. On la fait
entrer dans quelques préparations pharmaceutiques.

La substance que les Latins appelaient *resina lentiscina* est
aujourd'hui connue sous le nom de *mastic*. C'est la résine du
Pistachier-Lentisque (*Pistacia lentiscus,* famille des Térébinthacées). Ce Pistachier croît dans la Syrie, dans l'Asie Mineure,
dans l'Archipel grec et surtout dans l'île de Chio, dont il constitue la principale richesse. C'est un arbrisseau rameux et tortu,
qui atteint une hauteur de 4 à 5 mètres. Son écorce est brune
ou rougeâtre; ses feuilles sont ailées et composées de huit à
dix folioles lancéolées, obtuses, coriaces et persistantes. Il
porte des fleurs rougeâtres, auxquelles succèdent des fruits de
même couleur, de la grosseur d'un pois. Ces fruits peuvent être
mangés. On en retire, par expression, une huile grasse qui
n'est pas désagréable au goût, mais dont on se sert plus ordinairement pour l'éclairage que pour l'assaisonnement des mets.
Il paraît que toutes les variétés de Lentisques ne produisent
pas la résine odorante qui nous occupe, et que celui de l'île de

Chio est privilégié sous ce rapport. Le fait est que ces arbres se trouvent en abondance sur tout le littoral méditerranéen et qu'on les cultive dans plusieurs jardins du midi de la France, sans avoir pu jamais en tirer une seule parcelle de mastic; tandis qu'à Chio on en obtient chaque année des quantités assez considérables.

L'exploitation des Lentisques est soumise, dans cette île, à des règlements qui ont pour but d'empêcher l'épuisement

|Le Lentisque (*Pistacia lentiscus*).

des arbres par la cupidité des cultivateurs. La récolte a lieu deux fois seulement dans le courant de l'été. On fait au tronc et aux grosses branches, dans les premiers jours d'août, des incisions nombreuses, mais légères, et, à partir du 27, on recueille le mastic qui a découlé de ces incisions. Cette première récolte dure une huitaine de jour, après quoi on recommence l'opération, et la seconde récolte se fait le 25 septembre et pendant la semaine qui suit. A partir du mois d'octobre, il est interdit de faire aux Lentisques de nouvelles incisions, et même de recueillir la résine qui peut s'échapper encore par les fentes de l'écorce.

Le nom de *mastic*, donné à la résine du Pistachier-Lentisque, vient de l'usage que, dans tout le Levant, on fait de cette résine comme masticatoire. En effet, comme elle est douée d'une odeur et d'une saveur aromatiques, et qu'elle s'amollit et devient ductile sous la dent, les hommes et les femmes de l'Orient en mâchent presque continuellement pour se parfumer la bouche. Ils lui attribuent aussi la propriété de raffermir les gencives et de conserver les dents. En Europe même on fait entrer le mastic dans des poudres et d'autres préparations dentifrices. Cette substance était d'ailleurs fort en honneur dans l'ancienne thérapeutique; mais de nos jours elle a beaucoup perdu de son importance médicale. Elle sert à préparer un vernis pour les tableaux, et une colle pour raccommoder les verres et les cristaux.

Le *Pistacia atlantica*, grand et bel arbre du même genre que le Lentisque, laisse exsuder de son tronc et de ses rameaux un suc résineux assez semblable au mastic proprement dit, et dont les Barbaresques font le même usage. Cet arbre atteint une hauteur de 20 mètres. Son tronc a souvent de 0ᵐ 65 à 1 mètre de diamètre. Il croît principalement dans l'empire du Maroc et dans la régence de Tunis.

C'est aussi un arbre de la famille des Térébinthacées, le *Boswella serrata*, très abondant au Bengale, qui fournit la précieuse résine connue sous le nom d'*encens de l'Inde,* ou *encens mâle.* L'*encens femelle* vient d'Afrique et d'Arabie. Son origine n'est pas bien connue; on l'attribue aux *Juniperus Lycia, Phœnicea* et *thurifera,* au *Pinus tæda,* au *Balsamodendron kataf,* etc. Ce qu'on peut affirmer, c'est qu'il est produit, comme le précédent, par une ou plusieurs espèces de Térébinthacées, et, selon toute probabilité, par le *Juniperus Lycia.* Toutefois la forme et l'aspect sous lesquels il se présente sont assez variables pour qu'on en puisse conclure qu'il ne provient pas toujours de la même espèce d'arbre.

L'encens de l'Inde est presque toujours en larmes semiopaques, arrondies, fragiles, de couleur jaune, et dont les plus grosses tirent légèrement sur le rouge. On en reçoit aussi en *sortes* ou en *marrons,* c'est-à-dire en petites masses rou-

geâtres contenant des débris d'écorce ou d'autres impuretés.
Les encens d'Arabie et d'Afrique sont bien inférieurs à l'encens
indien. On les reçoit en petites larmes jaunâtres, à cassure ci-
reuse et terne, ou en marrons de couleur rougeâtre, presque
brune, se ramollissant entre les doigts, et très chargés d'impuretés.

On sait que l'encens brûle facilement, comme toutes les résines, et qu'il répand en brûlant des fumées blanches, d'une
odeur balsamique très suave et très pénétrante. L'usage de le
brûler dans les cérémonies sacrées remonte à la plus haute
antiquité, et semble commun à presque tous les cultes. L'encens reçoit d'ailleurs quelques applications profanes qui ne
sont pas sans utilité. Il entre dans plusieurs préparations pharmaceutiques, et les fumigations d'encens peuvent, dit-on,
calmer les douleurs névralgiques ou rhumatismales.

II

LES PLANTES BALSAMIQUES ET LES BAUMES

La dénomination de *baumes* s'applique, comme on l'a vu
plus haut, à des substances résineuses analogues aux térébenthines, mais contenant toujours une certaine quantité d'acide
benzoïque ou cinnamique, auquel elles doivent la propriété
d'exhaler, lorsqu'on les chauffe, une odeur aromatique ou,
comme on dit précisément dans ce cas, une odeur balsamique.
Les baumes sont fournis par certains arbres d'où on les extrait
en incisant l'écorce ou le bois, comme on fait pour les résines.
Les uns passent à l'état solide en se desséchant; les autres

restent dissous dans l'huile volatile à laquelle ils sont associés, et conservent une consistance molle ou même liquide. Tous sont, d'ailleurs, comme les résines, insolubles dans l'eau, solubles dans l'alcool, l'éther, les huiles, les acides chlorhydrique, acétique et sulfurique. Ils sont très inflammables et brûlent avec une flamme plus ou moins fuligineuse, en répandant une odeur aromatique et pénétrante. Le *benjoin*, le *styrax*, les baumes *du Pérou, de Tolu* et *de la Mecque* sont les principaux types de ce groupe de produits naturels.

Le benjoin se tire du *Styrax benzoïn*, arbre de la famille des Styracées, originaire des îles de la Sonde, mais qui croît aussi au Bengale, à Siam, à Java, à Sumatra, et qui a même été transplanté avec succès au Brésil et à l'île de la Réunion. D'après Bucholz, le benjoin est composé d'une huile volatile, d'une matière analogue au baume du Pérou, d'acide benzoïque, d'un principe soluble dans l'eau et dans l'alcool, enfin de débris ligneux. Il possède une odeur suave et une saveur d'abord douce et aromatique, mais qui laisse ensuite un arrièregoût amer et qui, comme on dit, prend à la gorge. Il se brise facilement, et sa cassure est nette et brillante. Il fond à une chaleur modérée, et brûle en dégageant d'abondantes fumées blanches, qui se condensent et retombent en une neige de cristaux nacrés : les cristaux d'acide benzoïque. Le benjoin *en larmes,* qui est la sorte la plus estimée, présente l'aspect d'une masse formée de larmes allongées, blanchâtres, réunies entre elles par une sorte de pâte brune, dont elles se détachent aisément. Le benjoin est employé par les médecins comme tonique, stimulant et antiseptique. On l'administre souvent en fumigations contre certaines maladies des voies respiratoires. Il entre dans plusieurs préparations de pharmacie et de parfumerie. Le *lait virginal,* entre autres, n'est qu'une solution alcoolique de benjoin, précipitée par l'eau, que le baume rend laiteuse en se divisant en une multitude de petites parcelles tenues en suspension dans la masse.

Le *styrax* est un suc balsamique et résineux qu'on retire de l'Aliboufier (*Styrax officinale*, famille des Styriacées) grand arbrisseau qui croît en Syrie, sur le mont Liban, en Arabie, en Grèce, dans l'île de Chypre, dans l'Italie méridionale et même en Provence. On trouve dans le commerce deux espèces de styrax : le *styrax calamite*, ou *storax*, et le *styrax liquide*.

Le styrax calamite, ainsi appelé parce qu'on l'apportait autrefois enveloppé dans des feuilles de roseau, est solide, rouge-brun, brillant, d'un aspect résineux; son odeur est très agréable et ressemble à celle de la vanille; sa saveur est aromatique et un peu amère. Il se ramollit et se pétrit entre les doigts comme la cire. Il est soluble, presque sans résidu, dans l'alcool. Le styrax liquide aurait, d'après quelques auteurs, une origine différente de celle du styrax solide : il serait fourni par le Liquidambar oriental. Sa consistance est à peu près celle du miel. Il est opaque et d'un gris brunâtre. Sa saveur est aromatique, son odeur forte et agréable. Il est employé en parfumerie. La médecine y a parfois recours contre certaines affections du sang et de la peau.

Le baume du Pérou s'extrait par incision ou, plus ordinairement, par décoction, des branches et des feuilles du *Myroxylum peruiferum* et du *Myroxylum pubescens*, arbres appartenant à la famille des Légumineuses, et qui croissent au Mexique, dans la Colombie, au Pérou et généralement dans les contrées les plus chaudes de l'Amérique méridionale. Sa saveur est âcre et un peu amère. On en distingue trois sortes : la première, très rare, est dite *baume liquide blanc*, ou *en coques*. C'est une substance fluide, d'un jaune ambré, à saveur aromatique, mais faible. On l'obtient toujours par incision, et on la livre au commerce dans les calebasses ou dans les cocos qui ont servi à la recueillir. La seconde sorte est aussi très rare : c'est le baume *brun* ou *roux*. Il est presque solide. On pense que ce baume est le même que le précédent, qui, avec le temps, s'est épaissi et a pris une teinte plus foncée. La troisième sorte est le baume *noir*. Sa couleur et sa consistance sont celles de la mélasse. Sa saveur est âcre et chaude; il exhale une forte odeur de benjoin. Le baume du Pérou est employé en médecine comme topique et diurétique. On l'ordonne souvent à la fin des maladies chroniques de la poitrine, pour stimuler les organes de la respiration.

Les propriétés du baume de Tolu sont semblables à celles du baume du Pérou. Ses usages sont aussi les mêmes. Il entre dans la préparation de plusieurs baumes artificiels, tels que le

Le Myroxylum toluiferum.

baume de Nerval, le *baume du Commandeur*, etc. On en fait un sirop fréquemment employé contre les maladies de poitrine. C'est encore un *Myroxylum*, le *Myroxylum toluiferum*, qui donne, par incision, le baume de Tolu, appelé aussi baume d'Amérique, de Carthagène et de San-Thomé. Ce baume est de couleur jaunâtre. Son odeur est agréable, sa saveur chaude et piquante; sa consistance est celle de la poix. Au contact de l'air il devient résineux et cassant. Insoluble dans l'eau froide, il cède à l'eau chaude une notable partie de son acide et des traces de son huile volatile. Il se dissout en totalité dans l'alcool.

Le *baume de la Mecque* est également connu sous les noms

de *térébenthine* ou *résine de la Mecque*, de *baume de Judée,
de Constantinople* et *de Giléad*. On l'obtient soit par l'incision
des rameaux, soit par la décoction des fleurs du *Balsamodendron gileadense apobalsamum,* arbrisseau de la famille des Térébinthacées. C'est un liquide blanchâtre et trouble, exhalant,
lorsqu'il est frais, une odeur forte qui tient à la fois de celle
de la Sauge et du citron. Au bout d'un certain temps il devient
plus épais, plus opaque, et prend une teinte jaune. Son odeur
aussi se modifie, s'adoucit et acquiert de la suavité. Le baume
de la Mecque n'est pas entièrement soluble dans l'alcool : il
laisse un résidu qui se gonfle et devient glutineux. Il est insoluble dans l'eau : versé sur ce liquide, il s'étend à la surface,
et peut être aisément enlevé avec une spatule. Frotté dans les
mains, il blanchit et mousse comme du savon. Le véritable
baume de la Mecque pur est très rare dans le commerce, et
d'un prix fort élevé. Aussi est-il souvent falsifié avec de la
térébenthine ou d'autres résines, qu'on aromatise avec de
l'essence de citron. Le baume de la Mecque est, au surplus,
rarement employé en France. Il entre néanmoins dans quelques
préparations de pharmacie ou de parfumerie. Les Orientaux
le considèrent comme un médicament tonique et fortifiant; ils
en font usage sous forme de lotions et d'onguents, et parfois
même le prennent à l'intérieur.

III

LES GOMMES ET LES GOMMIERS
— ARBRES QUI DONNENT LA GOMME ARABIQUE —
LA GOMME ADRAGANTE — LA GOMME-GUTTE
— LA GOMME AMMONIAQUE

Le mot *gomme* a, dans le langage vulgaire, un sens assez vague, et l'on s'en sert journellement pour désigner des substances douées de propriétés très différentes, et n'ayant d'autre caractère commun que d'être tenues, comme les résines et les baumes, en dissolution ou en suspension dans la sève de certains végétaux qui les sécrètent, soit à travers les pores de leur écorce, soit par des déchirures ou des incisions.

Les gommes proprement dites existent dans quelques arbres ou arbrisseaux appartenant soit à la famille des Légumineuses, soit à celle des Rosacées. Leur composition élémentaire (carbone, hydrogène et oxygène) est la même que celle de la matière amylacée; mais elles diffèrent de celle-ci par plusieurs de leurs propriétés chimiques. Ainsi, tandis que la matière amylacée et ses congénères donnent, par l'acide azotique, de l'acide oxalique, les gommes, dans les mêmes circonstances, donnent, outre l'acide oxalique, un acide particulier, l'acide *mucique*. Elles sont d'ailleurs transparentes, incristallisables, incolores ou faiblement colorées en jaune ou en jaune rougeâtre; elles sont insolubles dans l'alcool, dans l'éther, dans les huiles essentielles et dans les huiles fixes, dans les solutions alcalines concentrées. Au contraire, elles se dissolvent facilement dans l'eau, ou tout au moins s'y gonflent considérablement, de manière à former, dans le premier cas, une liqueur filante et collante; dans le second, une masse gélatineuse. On remarquera que ces dernières propriétés sont précisément inverses de celles des résines, avec lesquelles les gommes sont souvent confondues.

L'Acacia vera.

Quant aux *gommes-résines*, ce sont des corps mixtes dans lesquels une résine est mélangée à un principe gommeux soluble (*arabine, cérasine* ou *bassorine*), qui est toujours en faible proportion. Souvent elles contiennent aussi un principe extractif, une matière colorante, une huile essentielle, etc.

Parmi les gommes proprement dites, la première qui s'offre à nous est la *gomme arabique*.

Cette gomme exsude et découle spontanément de l'écorce de plusieurs espèces d'Acacias, dont les principales sont :

1° L'*Acacia vera*. Cet arbre croît en Arabie, — d'où est venu le nom donné à la gomme, parce que c'est de ce pays qu'on l'a primitivement importée en Europe; mais on le trouve aussi dans toute l'Afrique, depuis l'Égypte jusqu'au Sénégal.

2° L'*Acacia arabica*, propre à l'Arabie et répandu dans une grande partie de l'Asie méridionale. C'est lui qui fournit la variété dite *gomme de l'Inde*.

3° L'*Acacia Adansonii*, de la Sénégambie. Il fournit la gomme rouge, qu'on mêle avec celle du Sénégal.

4° L'*Acacia seyal*. Il appartient, comme le précédent, à la flore de la Sénégambie. Sa gomme, dure, blanche, vitreuse, en larmes vermiculées, fait également partie de la gomme dite *du Sénégal*.

5° L'*Acacia verek*. Il croît dans l'Afrique occidentale, depuis le Sénégal jusqu'au cap Blanc, et c'est lui qui donne la vraie gomme du Sénégal. La forêt de Sahel, la plus voisine du fleuve, est presque entièrement formée d'Acacias de cette espèce.

6° L'*Acacia gommifera*, assez semblable à l'*Acacia arabica*. Cet arbre se trouve dans tout le nord de l'Afrique, et produit, selon toute apparence, la gomme dite *de Barbarie*.

6° L'*Acacia decurrens* (*Eucalyptus* ou *Gommier bleu*) de la Nouvelle-Hollande. Il est abondant aux environs du port Jackson. Sa gomme diffère, sous quelques rapports, de la gomme du Sénégal, bien que, comme celle-ci, elle soit soluble dans l'eau.

Je crois superflu de décrire la gomme arabique. Qui n'en connaît l'aspect, les propriétés et les usages? Je dirai seulement qu'il en existe plusieurs sortes et qualités. La plus répandue dans le commerce est la gomme du Sénégal, qu'on distingue elle-même en deux variétés; celle du *bas du fleuve* ou du Sénégal proprement dit, et celle du *haut du fleuve* ou de *Galam*. La première est la plus estimée. Elle est produite presque exclusivement par l'*Acacia verek*, tandis que celle de Galam est fournie par l'*Acacia vera*. L'Acacia verek est un arbre de moyenne taille, qui n'atteint guère qu'une hauteur de 5 à 7 mètres. Il est très rameux, à branches tortueuses et épineuses, à bois très dur, à écorce grise. Le liquide gommeux qui suinte à travers cette écorce ne tarde pas à se solidifier sous forme de larmes globuleuses, dures, blanches, ternes et ridées à l'extérieur, vitreuses à l'intérieur. Les Maures vont chercher cette gomme dans des forêts situées assez avant dans les terres, ou plutôt dans les sables, et dont les principales sont celles d'Alfátak et d'El-Ébiar. La récolte commence après la saison des pluies, vers le mois de novembre, quand les vents d'est commencent à souffler. C'est la première *traite*, appelée par les acheteurs *petite traite*, à cause de son insuffisance. Une autre plus abondante se fait dans le mois de mars, et se prolonge souvent jusqu'au mois de juin ou de juillet. C'est la *grande traite*. Elle est subordonnée à l'arrivée plus ou moins tardive des pluies et des vents d'est, et au plus ou moins d'intensité de ces deux phénomènes. Sous l'influence des pluies, l'écorce se gonfle et se distend. Les vents d'est arrivent ensuite et la sèchent brusquement. Elle se contracte alors et se fendille, et la gomme s'échappe par les gerçures qui se forment.

Au moment où soufflent les premiers vents, les Maures s'en vont camper près des forêts d'Acacias. Ils envoient leurs esclaves recueillir sur les troncs, dès qu'ils y apparaissent, les morceaux de gomme, et c'est sans doute à cette méthode, suivie principalement dans les forêts du bas fleuve, qu'est due la petitesse des globules. A mesure que chacun de ces esclaves a rempli le sac de cuir dont il est muni, il vient en apporter le contenu à son maître, qui enfouit dans le sol cette gomme encore fraîche. Aussi les boules sont-elles toujours salies par du sable, qui reste adhérent à la surface. Quand l'approvisionnement est jugé suffisant, on le charge à dos de chameaux, d'ânes ou de mulets, et on le transporte sur des marchés désignés à l'avance, et qui s'ouvrent à différentes époques de l'année. C'est là que la gomme est vendue ou plutôt échangée contre des marchandises d'Europe. Les marchés se nomment *escales;* l'ensemble des opérations constitue la *traite* de la gomme, et les acheteurs sont appelés *traitants*. De ces marchés, situés dans l'intérieur, la gomme est descendue à Saint-Louis, et de là dirigée sur la France.

On extrait de quelques espèces du genre ASTRAGALE (Légumineuses), propres à la Perse, à l'Arménie, à l'Asie Mineure et à la Grèce, une Gomme connue dans le commerce sous le nom de *gomme adragante*. Cette gomme paraît avoir déjà, dans les arbres mêmes qui la produisent, un degré très élevé de con-

Récolte de la gomme.

centration, et ne se frayer qu'avec peine un passage à travers l'écorce; ce qui s'explique, du reste, par ses propriétés fort distinctes de celles de la gomme arabique. En effet, la gomme adragante n'est point, à proprement parler, soluble dans l'eau; mais elle absorbe une grande quantité de ce liquide, s'y gonfle considérablement, et constitue ainsi un mucilage très tenace et très épais. Elle arrive en Europe sous deux formes : celle de gomme *vermiculée* et celle de gomme en *plaques*. Cette substance est insipide et inodore. Elle possède une sorte d'élasticité qui la rend difficile à pulvériser. Pour la rendre cassante et friable, on la dessèche en la chauffant à 40 ou 50 degrés. Les pharmaciens s'en servent pour donner de la consistance aux loochs, et pour lier les pâtes dont ils font leurs pastilles et leurs trochisques. Les pâtissiers et les confiseurs la font entrer aussi dans la confection de quelques crèmes, gelées et autres préparations de ce genre.

Nous aurions pu ranger parmi les plantes tinctoriales les arbres qui produisent la *gomme-gutte,* substance gommo-résineuse fréquemment employée comme couleur jaune dans la peinture à l'aquarelle et la miniature. L'origine de cette substance a été pendant longtemps attribuée exclusivement au *Cambogia Gutta,* puis au *Stalagmitis cambogioïdes;* mais on la tire aussi du *Garcinia Morella* et de quelques autres arbres de la famille des Guttifères, qui croissent dans l'île de Ceylan, dans la presqu'île de Cambodge, sur les côtes du Malabar et dans une grande partie de l'Indo-Chine. Il paraît toutefois que la plus grande partie de la gomme-gutte du commerce est fournie par le *Stalagmitis.* Quoi qu'il en soit, cette substance exsude et découle, sous forme d'un suc laiteux, des plaies faites par incision dans l'écorce de l'arbre, et de celles qu'on produit en arrachant les feuilles et les jeunes branches. On la recueille dans des vases, on la fait sécher au soleil et on la façonne en magdaléons orbiculaires ou cylindriques pour la livrer au commerce.

La gomme-gutte fut importée pour la première fois en Europe par les Hollandais au xviie siècle, et elle a continué d'arriver depuis en quantités assez notables sous le pavillon des Pays-Bas et sous le pavillon anglais. D'après M. Natalis Rondot, c'est surtout un produit de la Cochinchine, bien qu'on la trouve aussi dans quelques provinces de la Chine, notamment dans le Kiang-si, dans le Tse-tchouen et dans le Kwant-tong; mais c'est de Siam, de la haute Cochinchine et du Cambodge que vient la plus grande partie de la gomme-gutte qui se vend

dans l'Inde et en Chine. Le district le plus productif se trouve
sur la côte est du golfe de Siam, d'où l'on dirige le produit sur
Bangkok et sur Saïgon, qui en sont les principaux marchés.

La gomme-gutte pure est une substance d'un brun rougeâtre
brillant. Elle est facile à réduire en une poudre d'un jaune doré
très éclatant. Elle fond et se délaye aisément dans l'eau, et
forme avec celle-ci une sorte d'émulsion laiteuse, de même
couleur que la poudre. Étendue ainsi sur le papier avec un pin-
ceau, elle conserve, en séchant, sa belle nuance dorée. Sa
teinture alcoolique est rouge et transparente; sa teinture éthé-
rée est également transparente et d'un beau jaune d'or; enfin
sa solution dans l'eau de potasse est d'un rouge intense. La
gomme-gutte, au contact d'un corps en ignition, brûle avec
une flamme blanche, en laissant pour résidu une cendre grisâtre. Son odeur est nulle, et sa saveur à peine sensible. Elle
est quelquefois employée en médecine. L'usage de cette substance pour la coloration des bonbons est prohibée en France
par les règlements de police.

Je dois mentionner encore ici une autre gomme-résine qui
rend des services très estimables dans l'industrie et dans l'économie domestique : c'est la *gomme ammoniaque*. Cette matière
est fournie par l'*Heracleum gummiferum* (famille des Ombellifères), par le *Dorenia armeniacum* (famille des Apiacées, tribu
des Peucédanées), plante qui croît en Perse et en Asie Mineure,
et par une espèce du genre *Ferula* (Ombellifères). Elle a une
odeur faible, *sui generis,* qui n'est pas désagréable; on n'en
peut pas dire autant de sa saveur, à la fois douceâtre, amère et
nauséabonde. Sa pesanteur spécifique est un peu plus grande
que celle de l'eau. Malaxée dans la main, elle se ramollit et
adhère aux doigts. Elle est partiellement soluble dans l'éther et
dans l'alcool. Son principe immédiat extractif se dissout seul
dans l'eau, tandis que son principe résineux et son huile essentielle y demeurent en suspension. Elle n'est guère employée
dans les arts que pour la préparation d'un mastic qui sert à
raccommoder la porcelaine et qu'on nomme *ciment-diamant*.

Elle jouait autrefois en médecine un rôle assez important;
mais son usage est aujourd'hui très restreint. Elle entre cependant encore dans la préparation du diachylon gommé, de l'em-
plâtre de ciguë, etc.

La gomme ammoniaque nous vient principalement de l'Inde,
de la Perse et de la Barbarie.

IV

LE CAOUTCHOUC — LES PLANTES A CAOUTCHOUC
— L'HEVEA GUYANENSIS —
LA GUTTA-PERCHA — L'ISONANDRA PERCHA

La substance qu'on connaît aujourd'hui sous le nom de
caoutchouc, et qu'on désignait communément autrefois sous
celui de *gomme élastique*, est une sorte de résine tenue en
suspension dans la sève de plusieurs plantes, la plupart originaires de l'Amérique méridionale et appartenant aux familles
des Morées, des Artocarpées, des Urticées et des Euphorbiacées. Le *Sapium aucuparium*, l'*Euphorbia punicea* et l'*Hevea
guyanensis* ou *Siphonia cahuchu*, qui la fournissent le plus
abondamment et d'où l'on a coutume de l'extraire, sont de la
dernière famille. La sève du *Siphonia cahuchu*, par exemple,
en renferme environ 30 p. 100 de son poids, sous forme de
globules qui lui donnent une consistance et une apparence
laiteuses. Les Orties, le Pavot, la Laitue et d'autres plantes
communes dans nos climats en contiennent aussi, mais en trop
faibles quantités pour qu'on puisse songer à l'extraire.

Le caoutchouc fut décrit pour la première fois, en 1736, par les savants Bouguer et la Condamine, membres de la commission envoyée à cette époque au Pérou par l'Académie des sciences de Paris, pour mesurer un arc du méridien terrestre. Un peu plus tard, un autre Français, l'ingénieur Fremeau, qui résida pendant quinze ans à la Guyane, recueillit, avec l'aide d'un naturel du pays, de plus amples renseignements sur le

Feuilles, fleurs et fruit de l'arbre à caoutchouc.
(*Hevea guyanensis.*)

caoutchouc et sur l'arbre qui le produit. Ce fut encore la Condamine qui, en 1751, fit part de ces renseignements à l'Académie. Enfin, en 1768 on put trouver, dans un ouvrage publié par le botaniste voyageur Aublet sur les plantes de la Guyane, la description et l'image de l'arbre à caoutchouc (*Hevea guyanensis*).

Cet arbre atteint une hauteur de 18 à 20 mètres. L'amande renfermée dans le noyau de son fruit est blanche, d'un goût agréable, fort estimée des indigènes, qui la mangent et en retirent une huile comestible. Il croît dans les forêts de Maripa, d'Arocera, de Sinnamari, de Saint-Régis, etc. L'Inde orientale et l'île de Java possèdent aussi des arbres dont la sève est riche

en gomme élastique : notamment les *Ficus indica* et *elastica*
(famille des Morées), qui sont devenus aussi, dans ces contrées, l'objet d'une exploitation très avantageuse.

Pour extraire le caoutchouc on pratique dans l'arbre, non
loin de la racine, une entaille assez profonde pour qu'elle
pénètre dans le bois; puis on creuse, depuis le sommet du
tronc jusqu'à cette entaille, une longue rainure verticale de
chaque côté de laquelle partent, de distance en distance,
d'autres incisions obliques disposées à peu près comme des
barbes de flèche. La sève, s'échappant de ces incisions, coule
le long de la grande rainure comme dans une gouttière, et
vient s'amasser dans l'entaille inférieure, d'où une feuille de
Bananier, roulée en forme de cornet, la conduit dans un vase
placé au-dessous. Là elle ne tarde pas à s'épaissir et même à
se solidifier par l'évaporation de la partie liquide, à moins qu'on
ne la mette aussitôt à l'abri du contact de l'air. C'est ainsi qu'on
importe en Europe une certaine quantité de ce suc à l'état
fluide, dans des bouteilles ou dans des cruches hermétiquement bouchées. Mais le plus ordinairement la sève est reçue
et étendue par couches successives entre deux moules d'argile
non cuite, qui lui donnent la forme de poires ou de bouteilles.
Le moule extérieur est marqué intérieurement de différents
dessins qui s'impriment sur la surface de la bouteille. Lorsque
l'intervalle compris entre les deux formes est rempli de caoutchouc solidifié, on enlève les moules, soit en les brisant, soit
en les plongeant dans de l'eau, où ils se désagrègent et se
délayent aisément. Quelquefois aussi on façonne le caoutchouc
en plaques plus ou moins larges et épaisses. Dans tous les cas,
on achève de le sécher en l'exposant, à distance convenable,
au-dessus d'un foyer dont la fumée lui donne une teinte brune
et souvent presque noire.

La première étude chimique de la composition et des propriétés du caoutchouc est due au célèbre Fourcroy. MM. Huisly,
Trommsdorf, Payen et Bouchardat ont achevé de le faire connaître. C'est un carbure d'hydrogène dont la composition est

représentée par la formule $C^8 A^7$. Lorsqu'il est pur, il est
transparent et à peu près incolore. Il est doué d'une élasticité
que ne possède aucune autre substance. Lorsqu'on le divise
avec un instrument tranchant, les sections récentes sont lisses,
et si on les rapproche et qu'on les presse l'une contre l'autre,
elles se ressoudent naturellement, et leur adhérence est presque
aussi forte que la cohésion des parties intactes.

Récolte du caoutchouc.

Le caoutchouc s'enflamme au contact d'un corps en ignition,
et brûle, sans laisser de résidu, avec une flamme rougeâtre qui
répand une fumée épaisse et une odeur désagréable. Il entre en
fusion à 120 degrés, et se transforme en un liquide oléagineux
qui, au lieu de se vaporiser à une plus haute température, se
décompose en donnant naissance à d'autres carbures d'hydrogène, ses principes immédiats. Le caoutchouc conduit très mal
le calorique, et point du tout l'électricité. Il est complètement
imperméable à l'eau et même aux vapeurs et aux gaz d'une
certaine densité; mais il laisse passer à la longue le gaz hydrogène. Il est insoluble dans l'eau et très peu soluble dans l'alcool. Il l'est davantage dans l'éther, et plus encore dans les
huiles essentielles et empyreumatiques, dans les huiles grasses

et dans le sulfure de carbone. Ce dernier corps est, avec l'huile
de naphte, son dissolvant le plus usité. Il a l'avantage d'être à
bas prix, et l'inconvénient d'exhaler une odeur fétide et d'être
très inflammable.

Le caoutchouc a été longtemps considéré comme un simple
objet de curiosité scientifique, et recherché seulement par les
chimistes et les naturalistes. Puis on s'avisa de l'employer dans
l'art du dessin, pour effacer les traces du crayon, à la place de
la mie de pain, qui ne les enlève qu'imparfaitement et en grais-
sant le papier. Enfin l'on songea à tirer parti des propriétés
bien autrement précieuses dont il est doué, c'est-à-dire de sa
ténacité, de son imperméabilité, de son inaltérabilité et de son
incomparable élasticité.

En 1785, le physicien Charles enduisit d'un vernis de caoutchouc dissous dans l'essence de térébenthine l'enveloppe de
taffetas dont il forma le premier ballon à gaz hydrogène. L'essence de térébenthine a été remplacée depuis, pour cet usage,
par de l'huile de lin lithargyrée. En 1790, on fit avec le caoutchouc divers objets extensibles, tels que des ressorts, des
ligatures, etc., et l'on apprit à le ramollir et à l'étendre sur des
tissus pour les rendre imperméables. L'année suivante, Gros-
sart parvint à transformer en tubes des lanières de caoutchouc
enroulées en spirale sur des moules cylindriques de diverses
grosseurs. Mais c'est seulement depuis les premières années de
notre siècle que les usages de cette substance se sont étendus
et multipliés dans les diverses industries, dont ils ont si puissamment favorisé les progrès.

Un produit qui ressemble beaucoup au caoutchouc a fait plus
récemment son apparition en Europe. Ce produit est la *gutta-
percha*. L'arbre d'où on le tire est fort commun dans l'archipel
Indien, à Bornéo, à Sumatra, à Singapore, et les naturels de
ces contrées en savaient extraire, de temps immémorial, une
matière dont ils faisaient des manches de haches, des vases et
d'autres ustensiles. Il y a peu d'années qu'un chirurgien anglais,
M. Montgomery, fut informé de ces particularités, et put se

procurer une certaine quantité de cette matière. Il fit hommage
de son échantillon à la Société royale de Londres, qui le
remercia en lui décernant une médaille d'or. La nouvelle de sa
découverte se répandit promptement parmi les savants, qu'elle
intéressa vivement, et dans le public, dont elle mit aussitôt
l'attention en éveil. Bientôt ce fut un engouement universel. La
science, l'industrie et la spéculation s'emparèrent du nouveau

Feuilles et fleurs de l'*Isonandra percha*.

produit, qui fut étudié, analysé, baptisé, façonné, annoncé,
vanté ; qui passa, en un mot, dans l'intervalle de quelques
mois, par toutes les épreuves que tant d'autres substances
curieuses ou utiles ne subissent qu'à travers des délais, des
hésitations et des lenteurs interminables.

La gutta-percha est donc aussi bien connue aujourd'hui que
telle autre substance découverte il y a cent ans. Sa composition
chimique est absolument la même que celle du caoutchouc,
et elle ne diffère de ce dernier que par quelques-unes de ses
propriétés chimiques et par son origine. Elle n'est fournie, en
effet, ni par un *Ficus*, ni par une Urticée, ni par une Euphor-
biacée, et elle est tout à fait inconnue dans l'Amérique méri-

dionale. Elle est tenue en suspension dans la sève descendante de l'*Isonandra percha* de Hooker (genre *Bassia butyracea,* famille des Sapotacées). Cet arbre atteint une hauteur de 20 mètres, et sa circonférence est ordinairement d'au moins 3 mètres à la base; ses feuilles ont 8 à 10 centimètres de long; elles sont arrondies à la base, et se terminent en pointe. Leur face supérieure est d'un vert pâle, et l'inférieure d'un brun rougeâtre. Les fruits de l'*Isonandra percha* contiennent une huile dont les Indiens assaisonnent leurs aliments. Son bois, d'un tissu lâche et sans consistance, est bon tout au plus à brûler lorsqu'il est sec. La méthode employée primitivement par les Indiens pour en extraire le suc était barbare et destructive. Elle consistait tout simplement à abattre l'arbre, à le placer dans une position inclinée et à recueillir dans des feuilles de Bananier la sève qui en découlait. L'intervention européenne a fait heureusement justice de ce procédé par trop élémentaire, et y a substitué celui dont on se servait dès lors et partout pour l'extraction du caoutchouc, des résines et des gommes-résines.

La gutta-percha est, comme le caoutchouc, inaltérable et imperméable à l'eau, inattaquable par les liqueurs alcalines ou acides étendues ou peu énergiques, ainsi que par les boissons faiblement alcooliques, telles que le vin, la bière, le cidre. Elle est soluble dans le sulfure de carbone, dans l'huile de naphte, dans la benzine, dans l'essence de térébenthine et dans quelques autres huiles volatiles ou fixes. Elle conduit très mal le calorique et l'électricité. Sa pesanteur spcifique est 0,979.

La gutta-percha usuelle, c'est-à-dire telle qu'on la trouve dans le commerce après qu'elle a été mécaniquement épurée, est solide et dure à la température ordinaire. Elle est tenace et souple, mais non élastique comme le caoutchouc, et sa consistance lui a fait donner, avec quelque raison, le nom assez pittoresque de *cuir végétal.* Sa couleur est grisâtre tirant sur le brun. Sa structure est naturellement poreuse; mais elle peut être rendue compacte par l'étirage accompagné d'une forte pression. Elle éprouve vers 100 degrés une sorte de fusion pâteuse qui permet de la malaxer, de la mouler et de lui donner toutes sortes de formes qu'elle conserve lorsque ensuite on lui rend sa dureté par le refroidissement. A la température de 45 à 50 degrés, on peut l'étirer en feuilles minces, en fils et en tubes d'un petit diamètre. Sa ductilité et sa malléabilité diminuent à mesure qu'elle se refroidit.

La gutta-percha nous arrive des Indes en masses feuilletées, en rouleaux, et plus souvent en pains coniques terminés au sommet par un anneau. En cet état elle contient de la terre, des débris ligneux et d'autres impuretés dont on la débarrasse par des broyages et des lavages à l'eau chaude; après quoi on la passe entre des cylindres qui lui donnent la forme de feuilles de quelques millimètres d'épaisseur. Elle est alors pure et propre à être façonnée.

On emploie avec succès la gutta-percha à fabriquer des conduits pour les eaux, soit pures, soit alcalines ou légèrement acides, à doubler les vases destinés à contenir des liquides qui peuvent altérer le bois ou les métaux communs : par exemple, les cuves dont on se sert pour la galvanoplastie. Elle est également propre à la confection de robinets, de pistons et de clapets qui s'adaptent exactement, sans que l'humidité les gonfle et que la sécheresse les contracte; de rouleaux, bobines, cylindres de pression, qui offrent plus de dureté que les mêmes objets faits en caoutchouc. On en tire aussi un parti très avantageux dans la confection de divers appareils de chirurgie et de physique, ustensiles de voyage, articles de fantaisie, etc. Enfin la substance qui nous occupe a rendu à la civilisation un service que nous ne saurions oublier : c'est en enfermant dans des gaines ou tubes de gutta-percha les fils conducteurs du télégraphe électrique qu'on a pu réaliser la merveille des temps modernes : la télégraphie sous-marine.

LES PLANTES MÉDICINALES

Il fut un temps, qui n'est pas encore bien éloigné de nous, où sous cette dénomination de plantes médicinales nous eussions pu ranger le règne végétal tout entier. C'était le temps où dominaient en médecine les doctrines *polypharmaques,* et où tout le monde croyait fermement aux vertus des simples. Il n'y avait pas alors de plante si insignifiante qui n'eût sa place dans la pharmacopée, et à laquelle on n'attribuât un pouvoir curatif contre une ou plusieurs affections des nerfs, du sang, de la bile, des humeurs, du foie, de la rate; contre les plaies, les blessures, les brûlures, etc. etc. C'est ainsi que, d'après Olivier de Serres, le *Cheveu de Vénus* « est employé aux apozèmes purgatifs, brise la pierre et la gravelle, fait uriner, est bon contre la morsure des bêtes venimeuses, étanche le flux du sang coulant du nez, remplit les places vides de poil, guérit la teigne, consume les lentes qui viennent en la tête, réconforte les asthmatiques et ceux aussi qui ont la jaunisse »; que la décoction d'Eupatoire « est bonne contre la dysenterie, la morsure des serpents, contre la gratelle et démangeaison, désopile le foie, tue les vers, guérit les chevaux poussifs et la toux des brebis »; que le *Pain de pourceau* (également d'Europe), la Presle ou *Queue de cheval,* le Pissenlit, le Mouron des petits oiseaux et une foule d'autres herbes que nous foulons aux pieds dans les champs et sur le bord des chemins, sont vantés par le même auteur comme capables de guérir chez l'homme et chez les animaux les maladies les plus diverses et les plus graves. .

On est bien revenu aujourd'hui de ces illusions naïves. La polypharmacie perd chaque jour du terrain, et la pratique médicale et pharmaceutique se simplifie considérablement. D'ailleurs les drogues minérales font du tort aux médicaments végétaux, et, bien que beaucoup de ces derniers figurent encore dans les *Codex* et dans les *matières médicales*, ceux auxquels on a ordinairement recours sont en petit nombre. La plupart des plantes auxquelles on emprunte des remèdes actifs sont en même temps des plantes vénéneuses. Nous en avons parlé avec quelques développements dans notre livre des *Poisons*, auquel nous renvoyons le lecteur. Parmi les plantes médicinales plus bénignes, nous pouvons encore écarter de notre programme celles dont l'emploi n'est qu'exceptionnel, et, même parmi celles dont on fait le plus fréquemment usage, la plèbe des végétaux vulgaires, qui défrayent la pharmacopée *des bonnes femmes*, et offrent aux malades réels ou imaginaires l'inoffensive consolation des tisanes anodines. On voudra bien remarquer d'ailleurs que, parmi les plantes que nous avons passées en revue dans les pages précédentes, plusieurs possèdent des propriétés que l'art de guérir met à profit, et que nous n'avons pas manqué de signaler en passant. Il ne nous reste donc plus à étudier maintenant que quelques espèces spécialement médicinales, et jouant dans la thérapeutique un rôle d'une certaine importance.

I

LA GUIMAUVE — L'ARNICA — LE TILLEUL — LES CITRONNIERS
— LES ORANGERS

Consacrons d'abord un chapitre aux plantes qui fournissent
des substances réputées émollientes, adoucissantes, calmantes,
antispasmodiques. C'est d'abord l'inoffensive GUIMAUVE (*Althæa
officinalis,* famille des Malvacées Malvées). Cette plante croît
spontanément en Europe au bord des ruisseaux et dans les
lieux humides. Elle fleurit en juillet et en août.

Toutes les parties de la Guimauve sont employées à raison
des propriétés émollientes du principe mucilagineux qu'elles
contiennent en abondance. Sa tige est cylindrique, herbacée,
cotonneuse; ses feuilles sont cordiformes, à cinq lobes peu
prononcés, molles et douces au toucher. Les fleurs, qui forment une sorte de panicule au sommet de la tige, sont blanchâtres ou légèrement rosées. Enfin sa racine, dont l'usage
est beaucoup plus général et plus fréquent que celui des autres
parties, est pivotante, fusiforme, tantôt simple, tantôt rameuse, plutôt charnue que ligneuse, blanche à l'intérieur et
récouverte d'un épiderme gris jaunâtre. Cette racine varie en
longueur de 10 à 20 centimètres, et en grosseur de 1 à 3.
Son odeur est faible, sa saveur fade. On la récolte en automne
ou en hiver. La décoction de racine de Guimauve est indiquée
dans les mêmes cas à peu près que celle de graine de Lin :
plutôt pour l'usage externe que pour l'usage interne.

Si la Guimauve est, dans la médecine des bonnes gens, le spécifique général des maladies inflammatoires, il est quelques autres plantes qui, sous la désignation de *vulnéraires,* jouissent d'une popularité au moins égale, et passent pour souveraines contre les accidents consécutifs aux chutes, coups et blessures. Telle est surtout l'Arnica *montana* (famille des Composées), qui croît dans les pâturages des montagnes, en France, en Suisse et en Allemagne, et dont les feuilles et les fleurs s'emploient en infusion, ou mieux en teinture alcoolique, soit à l'extérieur, soit à l'intérieur. Les compresses et les lotions d'Arnica dissolvent, ou même empêchent de se former les enflures, les bosses, les ecchymoses résultant de contusions, de foulures, etc. Convenablement administrée à l'intérieur à la suite d'une chute, d'une secousse violente ou de tout autre accident capable de jeter du trouble dans l'organisme, l'infusion ou la teinture de cette même plante produit aussi les effets les plus salutaires. C'est du moins ce que j'ai entendu affirmer à beaucoup de personnes très respectables. D'autres pensent, il est vrai, que ce précieux médicament, comme beaucoup d'autres non moins renommés, n'agit qu'en raison de la confiance qu'on lui accorde; qu'en d'autres termes, c'est cette confiance même qui produit la plus grande partie des résultats attribués aux vertus de la plante. Cela se pourrait bien. Quoi qu'il en soit, l'Arnica est rangée parmi les stimulants de la circulation. C'est sans doute pour cela qu'elle calme ou prévient les troubles nerveux : *Sanguis moderator nervorum,* dit Hippocrate.

Les feuilles et les fleurs de Tilleul sont considérées aussi comme tempérantes, sédatives et antispasmodiques. On sait que le Tilleul (*Tilia,* famille des Tiliacées) est un très bel arbre, fort recherché dans toute l'Europe pour l'ornement des parcs et des jardins. C'est particulièrement l'arbre favori de la race germanique : toutes les promenades publiques, en Allemagne, sont invariablement plantées de Tilleuls. L'infusion de ses feuilles, et surtout de ses fleurs, est parfumée, et constitue une des tisanes les moins désagréables que l'on puisse offrir aux malades. Beaucoup de personnes, même en bonne santé, la boiraient, je crois, par pure gourmandise, si ce n'était une tisane. Et pourquoi ne prendrait-on pas du tilleul dans les soirées plutôt que du thé? ce serait moins cher et au moins aussi hygiénique.

On a coutume d'ajouter quelques feuilles d'ORANGER aux fleurs de Tilleul avant d'y verser l'eau bouillante. Les propriétés des feuilles et des fleurs de l'Oranger sont analogues à celles du Tilleul, mais beaucoup plus accusées. L'eau distillée de fleurs d'oranger est un véritable médicament, qui exerce sur le système nerveux une action sédative très positive, et qui a le double avantage d'être fort agréable au goût et à l'odorat, et de ne pouvoir jamais devenir dangereux. Les fleurs qui servent à la fabrication de cette eau distillée sont celles des diverses espèces du genre *Citrus* (famille des Aurantiacées), c'est-à-dire des Orangers et des Citronniers. Ces arbres sont originaires des contrées tropicales et subtropicales de l'Asie; mais l'élégance de leur port, le vert lustré de leur feuillage, leurs jolies fleurs blanches si parfumées, leurs beaux fruits remplis d'un jus délicieux et rafraîchissant, engagèrent fort anciennement les Occidentaux à les transplanter dans les parties de l'Europe dont le climat semblait devoir leur être favorable. Il ne paraît pas cependant que les premiers essais de transplantation et de naturalisation aient réussi; car, même sous les empereurs romains, les oranges et les citrons étaient apportés à grands frais de la Perse et de l'Asie Mineure, et se payaient excessivement cher.

Les CITRONNIERS furent certainement introduits en Europe avant les Orangers. Ceux-ci, confinés primitivement dans l'Inde au delà du Gange, furent, dit-on, apportés en Arabie vers la fin du IX° siècle. Ils passèrent de là dans la Palestine, en Égypte et sur la côte septentrionale d'Afrique. Enfin les Maures les apportèrent en Espagne, où leur culture était déjà florissante au temps des croisades. A cette époque, des essais de naturalisation eurent lieu, d'autre part, dans la Sicile et l'Italie méridionale. C'est de ces deux points que la culture des Orangers s'est propagée dans les pays méridionaux de l'Europe continentale et dans les îles de la Méditerranée.

Les Orangers et les Citronniers sont de beaux arbres à tronc droit, à cime arrondie, très recherchés pour l'ornement des

L'Oranger.

jardins, même dans les climats moyens ou septentrionaux, où ils sont cultivés en serre froide ou tempérée, selon la latitude. Le premier Oranger qu'on ait vu en France avait été semé en 1421 à Pampelune. Il fut transporté de là à Chantilly en l'an 1500, puis de Chantilly à Fontainebleau, et enfin en 1684 à Versailles, où l'on peut encore le voir, autant que nous sachions. Il est connu sous les noms de *Grand-Bourbon, Grand-Connétable, François Ier*. Depuis la fin du xviie siècle, les Orangers se sont fort multipliés à Versailles, à Paris et dans tout le reste de la France. Mais ces Orangers, transis et avortés, dont les fruits ne mûrissent jamais et qui restent toujours bien au-dessous de leur croissance normale, ne fournissent au commerce et à l'industrie aucun produit utile, si ce n'est leurs fleurs, qu'on récolte pour la préparation de l'eau de fleurs d'oranger. Il n'en est pas de même des Orangers du Midi, grands et beaux arbres dont le bois est mis en œuvre par l'ébénisterie de luxe, ainsi que celui du Citronnier; dont les fleurs alimentent les importantes distilleries de l'Espagne, de l'Italie et de nos départements méridionaux; dont les fruits enfin s'expédient dans toutes les directions, et sont une des principales richesses des pays qui les produisent.

On connaît trois espèces principales de Citronniers; ce sont : le Cédratier (*Citrus medica*), le Limettier (*Citrus limetta*), le Limonier (*Citrus limonum*).

Le Cédratier est un arbre de petite taille. Les feuilles sont allongées; ses fleurs, qui se succèdent presque pendant toute l'année, sont grandes, blanches à l'intérieur, de couleur pourpre ou violette à l'extérieur, portées sur un pédoncule épais et court. Son fruit, appelé *cédrat*, se distingue des autres citrons par sa grosseur et par l'épaisseur de son écorce, que l'on fait confire dans le sucre. L'huile essentielle qu'on extrait du zeste de cette écorce est douée d'une odeur très suave. On l'emploie dans la parfumerie.

Le Limettier est plus grand que le Cédratier. Ses fleurs sont entièrement blanches. Son fruit, de couleur jaune verdâtre, de forme arrondie terminée par un mamelon obtus, est connu sous les noms de *lime douce*, de *limetta*, de *peretta* et de *bergamotte*. Il est très parfumé, mais peu savoureux. On en retire une essence qui entre dans la préparation de l'*eau de Portugal*.

Le Limonier, ou le Citronnier proprement dit, est un arbre assez élevé, à grandes feuilles dentelées, portées sur un pétiole articulé, à fleurs blanches en dedans, violacées en dehors, plus petites que celles du Cédratier, plus grandes que celles de l'Oranger. Ses fruits, d'un beau jaune clair, sont ovoïdes et terminés, comme ceux du Limettier, par un mamelon obtus.

Leur grosseur varie suivant les circonstances plus ou moins favorables dans lesquelles ils se sont développés. Ils sont appelés *limons* dans le Midi, et citrons dans le Nord. Leur zeste fournit une huile essentielle très parfumée; leur jus sert à l'extraction de l'acide citrique; il est aussi journellement employé, comme chacun sait, pour assaisonner certains mets et pour préparer des *limonades,* des sirops et des bonbons rafraîchissants. On a préconisé récemment le jus de citron comme préservatif et curatif du scorbut, et particulièrement du scorbut de mer. Ce jus, contenant beaucoup de principes extractifs, est très sujet à la fermentation. On peut néanmoins le conserver longtemps en le privant d'air par l'ébullition, et en le tenant dans des vases bien pleins et hermétiquement bouchés.

Il n'y a qu'une seule espèce d'Orangers; les variétés en sont assez nombreuses, mais ce sont plutôt des variétés commerciales établies d'après le volume ou la qualité de leurs fruits, que des variétés botaniques distinctes. Il en est une pourtant qui présente des caractères assez tranchés : c'est le *Bigaradier* (*Citrus bigaradia,* ou *Aurantium vulgare acre*), qui donne les *bigarades* ou *oranges amères.* Ces oranges, à cause de leur extrême amertume, ne peuvent être mangées comme les oranges douces; mais leur écorce est l'objet d'un commerce important. Elle est apportée de la Barbade et de Curaçao en Europe, surtout en Hollande et à Bordeaux, et elle sert à préparer les liqueurs appelées *curaçao* et *bitter.* On en fait aussi un sirop spécial, le sirop d'écorce d'oranges amères, qui est très recommandé contre la dyspepsie, l'inappétence, et d'autres maladies de l'appareil digestif. Enfin l'on en extrait par distillation une essence propre aux usages de la parfumerie, l'essence de bigarade.

Les propriétés médicinales de l'écorce de l'orange amère lui sont communes avec une classe assez nombreuse de drogues végétales également caractérisées par leur amertume, et qui pour cette raison ont reçu, en matière médicale, le nom d'*amers.*

II

LES AMERS — LA COLOQUINTE — L'ABSINTHE
— LA GENTIANE — LE HOUBLON
— LE COLOMBO — LE QUASSIA — LA RHUBARBE — L'ALOÈS

« Amer comme chicotin » est une expression proverbiale universellement usitée; mais qu'est-ce que le *chicotin?* Une poudre dont on frotte les objets que l'on veut empêcher les petits enfants de mettre dans leur bouche. Et quelle est cette poudre? Tout simplement de la poudre de Coloquinte. La Coloquinte est le fruit d'une plante du genre *Cucumis* (famille des Cucurbitacées). Cette plante, originaire du Levant et des îles de l'Archipel, est annuelle, à tige herbacée, rampante et volubile, à feuilles alternes, aiguës et pubescentes, à fleurs mâles et femelles distinctes. Les fruits qui succèdent aux fleurs femelles sont de forme arrondie, de la grosseur d'une orange, enveloppés d'une écorce jaune, glabre, luisante et de peu d'épaisseur, et renfermant dans une pulpe blanche un grand nombre de graines oblongues et aplaties. Ce fruit se trouve souvent, dans le commerce, dépouillé de son écorce. Il présente alors l'aspect d'une boule blanche, sèche et spongieuse. L'amertume insupportable de cette chair est due à un principe résineux, l'extrait de Coloquinte, qui a été analysé par Vauquelin, et auquel ce chimiste a donné le nom de *colocynthine*. La Coloquinte, ou plutôt son extrait, est parfois employée en médecine; mais il est d'autres amers dont l'usage est beaucoup plus fréquent, et qui rendent à la médecine de véritables services. Tels sont l'Absinthe, la Gentiane, le Houblon, le Colombo, le Quassia, la Rhubarbe, l'Aloès.

L'Absinthe officinale (*Arthemisia absinthium*, famille des Composées, tribu des Corymbifères) est une plante vivace, à tige herbacée, rameuse et comme paniculée. Ses feuilles, à

L'Absinthe.

lobes obtus, sont recouvertes sur les deux faces d'un duvet cotonneux; ses fleurs sont jaunes. L'absinthe croît spontanément en assez grande abondance dans les terres arides et incultes; on la cultive en outre pour l'usage médical et pour la préparation de la liqueur d'Absinthe[1]. Elle possède, en effet, une odeur aromatique et une saveur amère très prononcée, des propriétés stimulantes, toniques et vermifuges.

Les Gentianes aussi sont des plantes herbacées, très abondantes dans les pays montagneux de l'Europe et de l'Asie, rares en Amérique, en plus rares encore dans les contrées boréales. Ce genre, qui sert de type à la famille des Gentianées, com-

---

[1] Voyez, au sujet de cette liqueur, de son usage et de ses effets, notre livre des *Poisons*.

prend un grand nombre d'espèces, dont une seule mérite notre attention. C'est la Gentiane jaune ou grande Gentiane (*Gentiana luteola*), dont la racine, ou, pour mieux dire, la tige souterraine, joue dans la médecine humaine et dans la médecine vétérinaire un rôle important. C'est, en effet, un des médicaments toniques les plus efficaces que nous possédions. Elle doit surtout ses propriétés au principe amer qu'elle recèle, et qui lui communique une saveur presque insupportable lorsqu'elle n'est pas déguisée.

La grande Gentiane croît très abondamment dans les Pyrénées, les Alpes, le Jura, les Vosges, les Cévennes, ainsi que dans les montagnes de l'Auvergne, du Forez, de la Bourgogne, de la Suisse, du Tyrol, etc. Elle n'a besoin d'aucune culture. Les paysans la récoltent chaque année en quantités considérables, coupent les racines, les font sécher, et les livrent au commerce en bottes plus ou moins volumineuses. En Suisse et dans le Tyrol, on extrait des racines de Gentiane coupées en rouelles et soumises à la fermentation une liqueur alcoolique très forte et très amère, qui ne peut plaire qu'aux palais peu délicats. Les animaux mêmes ne peuvent manger la Gentiane à cause de son amertume, et bien qu'elle renferme des principes nutritifs en proportion assez notable.

Le Houblon (*Humulus lupulus*) est l'espèce unique d'un genre de la famille des Urticées, auquel ses usages économiques et médicinaux donnent une très grande importance agricole, industrielle et commerciale. Le Houblon est une plante herbacée, vivace, grimpante. Ses tiges, creuses, anguleuses et velues, s'enroulent toujours de gauche à droite, et peuvent s'élever à une hauteur de 3 à 5 mètres. Ses racines sont menues et entrelacées; ses feuilles ont quelque analogie de forme avec celles du Mûrier et de la Vigne. Il porte des fleurs mâles et des fleurs femelles. Les premières sont en grappes rameuses irrégulières, sortant de l'aisselle des feuilles supérieures; les secondes forment une espèce de capsule globuleuse de la grosseur d'un pois. Les fruits qui succèdent à ces fleurs sont de petits cônes allongés, membraneux, ovoïdes, à écailles minces et consistantes. A la base de chacune de ces écailles se trouvent deux petits akènes enveloppés d'une poussière jaune granuleuse, douée d'une saveur extrêmement amère. Cette poussière, à laquelle les cônes de Houblon doivent leurs propriétés caractéristiques, fut aperçue et étudiée d'abord par M. Planchet et par M. Yves, de New-York, qui lui donnèrent le nom de *lupuline*. MM. Payen et A. Chevalier, qui l'ont examinée plus fréquemment, ont reconnu qu'elle constituait, en effet, le principe actif du Houblon; mais ils ont établi aussi qu'au lieu d'être, comme l'avaient cru leurs devanciers, une substance résineuse, c'était une matière très complexe, non seulement organique, mais organisée, qu'ils ont nommée la *sécrétion jaune du Houblon*, réservant le nom de lupuline au principe résineux amer qu'elle renferme.

Le Houblon croît naturellement sur la lisière des bois et dans les haies, en Angleterre, en Hollande, en Belgique, en Franconie, en Bohême et dans le nord de la France. Il est abondant aussi dans les États du nord de l'Union américaine et au Canada. Mais si l'on s'en rapportait entièrement à la nature du soin de multiplier cette plante, dont la consommation s'accroît de jour en jour, ce qu'on en pourrait récolter serait loin de suffire à nos besoins. Aussi le Houblon est-il devenu, dans les pays que nous venons de nommer, l'objet d'une culture suivie qui ne laisse pas d'exiger des soins et de présenter des difficultés.

On plante le Houblon soit au mois d'octobre, soit plutôt au printemps, c'est-à-dire en mars ou au commencement d'avril. A cette époque aussi on taille les vieilles houblonnières, on pose les échalas et l'on y attache les tiges du Houblon planté l'année précédente. La récolte des cônes se fait ordinairement de la fin d'août au commencement d'octobre, selon la variété de Houblon que l'on cultive, et en tenant compte de l'état de la saison. Il faut, en effet, choisir un temps sec, et même n'opérer

qu'après que le soleil a séché la rosée. Il faut aussi se mettre à
l'œuvre dès que le Houblon est mûr, ne pas attendre que la
fleur soit passée, et cueillir les Houblons hâtifs et les tardifs
à des époques différentes, déterminées par leur maturité res-
pective.

Les cônes, aussitôt qu'ils ont été récoltés, doivent être séchés
à point; puis on procède à l'emballage, qui est encore une opé-

Le Houblon.

ration fort délicate. Le Houblon est mis dans de grands sacs,
soumis à l'action d'une forte presse, et cousu solidement pour
l'empêcher de se gonfler. Enfin les sacs, jusqu'au moment
d'être expédiés ou livrés à la consommation, doivent être tenus
dans un lieu à la fois sec et frais.

Les usages du Houblon sont nombreux. Quelques personnes
mangent les jeunes pousses de cette plante, accommodées de
la même façon que les asperges. Ces jeunes pousses contiennent une matière sucrée qui, par la fermentation, se convertit en alcool. En Suède, en Lithuanie, on retire des tiges du
Houblon des fibres textiles analogues à celles du Chanvre, et
dont on fait des cordes et des toiles grossières. On a recommandé l'emploi des cônes de Houblon pour préserver le blé

des attaques des insectes. Les mêmes cônes sont d'un fréquent usage en médecine à cause de leurs propriétés toniques, vermifuges, dépuratives et stomachiques; mais leur principale application consiste dans la fabrication de la bière, dont ils sont un des éléments essentiels. Outre qu'ils communiquent à cette boisson une saveur amère fort appréciée des amateurs, ils contribuent puissamment à la préserver des altérations qu'éprouvent d'ordinaire, au bout de peu de temps, les infusions végétales livrées à la fermentation.

Le COLOMBO est la racine de la Coccule palmée (*Cocculus palmatus* ou *Menispermum palmatum*, famille des Ménispermacées, Ménispermées). Le genre *Cocculus* est très nombreux. Il comprend au moins soixante-cinq espèces, dont une dizaine sont cultivées dans les jardins européens. Ce sont des arbrisseaux volubiles, à fleurs peu apparentes, à feuilles alternes, pétiolées, cordiformes, ovales ou oblongues, ordinairement entières. Les deux espèces les plus remarquables sont : le *Cocculus platyphylla*, que les Brésiliens regardent comme un excellent spécifique contre les maladies du foie et de l'estomac et contre les fièvres intermittentes, et le *Cocculus palmatus*, dont la racine est connue sous le nom de racine de Colombo, ou simplement *colombo*. Ce nom vient de ce qu'on l'apportait autrefois de Colombo (île de Ceylan). On a longtemps ignoré sa véritable patrie; mais on sait aujourd'hui que le *Cocculus palmatus* est originaire de la côte orientale d'Afrique, de Madagascar et du continent indien. Il est surtout commun dans les forêts qui bordent les côtes de Mozambique, et c'est de là qu'en 1825 il a été introduit aux îles de France et de Bourbon. Aux Indes et en Afrique, sa racine est regardée comme un remède très efficace contre les affections des voies digestives et contre le choléra. Cette racine, telle qu'on la reçoit en Europe, est verdâtre à l'extérieur et jaune clair à l'intérieur. Lorsqu'on l'humecte, elle devient brune; sa poudre est d'un gris verdâtre pâle. Son odeur est faible, mais désagréable, et sa saveur

amère. D'après les analyses de Planche, le Colombo a pour
principes immédiats de l'amidon, du ligneux, une matière
jaune amère, une matière azotée, une huile volatile particulière, de l'oxyde de fer, de la silice, des sels de chaux et de
potasse.

Les Quassia sont des arbres ou des arbrisseaux de la famille
des Rutacées, qui croissent à la Guyane et aux Antilles. Leur
nom est celui d'un nègre de Surinam, appelé Quassi, qui, pour
reconnaître les bons traitements d'un officier hollandais, Gus-
tave Dalberg, lui révéla les propriétés bienfaisantes de la racine
dont il faisait depuis longtemps usage avec succès contre les
fièvres pernicieuses, si communes à la Guyane. Dalberg com-
muniqua cette découverte à Linné, qui en fit le sujet d'une
dissertation imprimée dans les *Amænitates academicæ*. Grâce à
l'autorité d'un si grand nom, la racine de Quassia prit rang dans
la pharmacopée européenne, où elle occupe aujourd'hui encore,
sous les noms de *Quassia amara* et de *bois amer de Surinam*,
une place honorable. Cette racine se trouve dans le commerce
sous la forme de bâtons cylindriques de 35 à 55 millimètres de
diamètre, couverte d'une écorce mince, peu adhérente, unie,
très légère, de couleur blanchâtre tachetée de gris. Le bois
même de l'arbre est léger, blanc jaunâtre; son grain fin, et le
beau poli qu'il peut prendre, permettraient de l'employer dans
l'ébénisterie. Il est sans odeur, mais doué, comme la racine,
d'une saveur très amère due à la présence d'un principe cristallisable analogue à la quinine, et qui a reçu le nom de
quassine.

Le Quassia de la Jamaïque, grand arbre du même genre que
le Quassia de Surinam, possède les mêmes propriétés. On les
reçoit en bûches de 2 mètres de longueur sur 25 à 35 centimètres de diamètre, recouvertes d'une écorce de 1 centimètre
d'épaisseur. Ce bois est plus jaune et d'un tissu plus grossier
que celui du *Quassia amara;* mais son amertume n'est pas
moins prononcée. On l'emploie sous forme de copeaux, qu'on

fait infuser dans de l'eau, ou bien on le façonne en gobelets, dans lesquels on laisse séjourner de l'eau pendant une heure avant de la boire, et qui communiquent à cette eau, avec une légère amertume, des propriétés toniques et apéritives.

Ce serait ici le lieu de parler des Quinquinas, qui, par leurs propriétés, se rapprochent fort des *Quassia*. Mais, en ayant égard à la haute importance médicinale de ce genre, nous ne pouvons moins faire que de lui consacrer un chapitre entier. Disons donc d'abord, pour terminer ce présent chapitre, quelques mots des deux autres amers dont la thérapeutique fait un fréquent usage : la rhubarbe et l'aloès.

Le produit désigné dans la droguerie et connu de tout le monde sous le nom de Rʜᴜʙᴀʀʙᴇ est la racine de certaines espèces du genre *Rheum,* famille des Polygonées. Mais ces espèces ne sont pas bien déterminées. Il est certain que tous les *Rheum* ne fournissent pas de la rhubarbe vraie : témoin le *Rheum Ponticum (Rapontic)*, dont la racine n'est qu'un succédané de la rhubarbe vraie. On croit aujourd'hui que celle-ci provient principalement, sinon exclusivement, du *Rheum palmatum* ou *australe*. Ces deux espèces sont originaires de l'Asie. La première croît spontanément sur une longue chaîne de montagnes qui borde à l'occident la Tartarie chinoise, depuis la ville de Se-Lin au nord, jusqu'au lac Khou-Khou-Nour, voisin du Thibet, au sud. C'est, suivant Guibourt, la racine de ce *Rheum* qui constitue la vraie rhubarbe de Chine. La récolte des racines se fait ordinairement au mois d'avril, quelquefois aussi en automne. On reconnaît leur âge à la grosseur de leur tige. Celles qui ont acquis le développement voulu sont enlevées, puis nettoyées et coupées en morceaux. Pour les faire sécher, on les perce d'un trou dans lequel on passe une longue ficelle, et l'on en forme ainsi des chapelets que l'on suspend soit aux arbres voisins, soit dans les tentes, soit même aux cornes des bestiaux. Dans tous les cas, on achève de les faire sécher dans les habitations. Pour cela, d'après Duhalde, les Chinois

étendent les racines sur des tables de pierre et allument du feu
dessous.

Le *Rheum australe* paraît être originaire de la Tartarie, de la
Bokharie ou des montagnes du Thibet; on a commencé, il y a
quelques années, à le cultiver en Europe. C'est probablement
cette espèce qui donne les rhubarbes dites de Moscovie et de
Perse. Les *Rheum undulatum, compactum* et *Ponticum* qu'on
cultive en France, et dont les racines se vendent sous le nom
de rhubarbe de France, diffèrent sensiblement des espèces
précédentes, qui n'ont pu encore être assez bien acclimatées
pour que leurs racines prissent rang dans la droguerie auprès
des rhubarbes exotiques. Quant à la rhubarbe de France, elle
n'a ni la même composition chimique ni les mêmes propriétés.
Elle contient une grande quantité de matière colorante, mais ce
principe est rouge au lieu d'être jaune comme dans la rhubarbe
d'Orient : elle est aussi plus riche en matière amylacée, et beaucoup moins en oxalate de chaux. La rhubarbe vraie est à la fois
tonique et légèrement purgative. On l'administre fréquemment
pour réveiller l'appétit, et pour dissiper les embarras gastriques
et régulariser les fonctions digestives.

Aloès est le nom d'un genre de plantes arborescentes appartenant à la famille des Liliacées et à la tribu des Aloïnées.
Ce genre, institué par Tournefort, comprend de nombreuses
espèces, presque toutes propres à l'Afrique, et surtout à la
partie méridionale de ce continent. Les Aloès croissent de
préférence dans les terrains sablonneux exposés à toutes les
ardeurs du soleil; seules les variétés naines se plaisent à
l'ombre des taillis et dans un sol moins aride. La tige des
Aloès est cylindrique, haute de 1 mètre à 1 mètre 20, et
feuillée au sommet. Les feuilles, charnues, à bords souvent
dentés-épineux et toujours membraneux, à faces hérissées de
papilles verruqueuses et transparentes, portent de belles fleurs
disposées en grappes ou en épis ombelloïdes. On cultive dans
les jardins et dans les serres plusieurs espèces et variétés de ce

genre, qui doit son utilité au suc gommo-résineux qu'on en extrait. En outre, un botaniste a reconnu, il y a quelques années, dans la variété dite *Aloe Soccotrina,* une propriété bien précieuse : la pulpe, appliquée sur des brûlures même très graves, en apaise promptement la douleur, et, renouvelée deux ou trois fois en vingt-quatre heures, suffit pour prévenir les accidents qui en sont trop souvent la suite. L'auteur de cette découverte pense que la même vertu doit exister, à un degré plus ou moins approchant, dans les autres espèces congénères.

Ce qu'on désigne, dans le langage de la droguerie et de la pharmacie, sous le nom d'*aloès,* est la gomme-résine dont je viens de parler, et qu'on emploie souvent en médecine comme tonique, purgatif et vermifuge. C'est une substance solide, transparente, d'un aspect vitreux, de couleur brune lorsqu'elle est en morceaux, jaune lorsqu'on la réduit en poudre. Sa cassure est terne et rappelle la couleur et l'aspect du succin ou ambre jaune. Son odeur tient à la fois de celle de la myrrhe et de l'ipécacuana. Sa saveur est d'une extrême amertume. L'aloès se ramollit à 70 degrés, et se liquéfie à 75. Il est soluble dans l'eau froide, plus soluble dans l'alcool, très peu dans l'éther. On connaît plusieurs sortes d'aloès ; la plus estimée est l'aloès *succotrin,* ainsi nommé parce qu'il provient de l'île de Soccotora, située à peu de distance de la pointe orientale du continent africain.

L'aloès n'a guère d'usage dans les arts industriels, si ce n'est pour le *paillon,* ou imitation de dorure sur clinquant. Les brasseurs anglais font entrer, dit-on, quelquefois une petite quantité d'aloès dans la composition du *porter;* mais c'est surtout en médecine, et particulièrement dans la médecine vétérinaire, que cette substance est employée comme stomachique, vermifuge et purgatif. On la retrouve fréquemment dans les prescriptions de M. Raspail.

III

LES AMERS (suite) — LE QUINQUINA

Les droguistes, les pharmaciens, les médecins désignent sous le nom de *quinquinas* des écorces bien connues par leur saveur amère et leurs propriétés toniques et fébrifuges. Ces écorces proviennent des arbres et arbrisseaux du genre *Cinchona*, famille des Rubiacées, tribu des Cinchonées.

Le genre *Cinchona* fut établi en 1742 par Linné, qui l'appela ainsi du nom de la comtesse de Chinchon, femme d'un vice-roi du Pérou, à laquelle une légende — dont on a contesté l'authenticité — attribue l'honneur d'avoir la première divulgué les propriétés et propagé l'usage du quinquina. Suivant une autre légende, ce furent les Indiens du village de Malacatos qui révélèrent à un missionnaire jésuite les propriétés de la précieuse écorce. C'est pourquoi l'on a aussi donné à la poudre de quinquina le nom de *poudre du jésuite*. Quant au mot *Quinquina*, c'est une modification du nom de *Kina* ou *Kina-Kina*, sous lequel l'arbre est désigné parmi les Indiens du Pérou. Ceux-ci l'appellent aussi *Yaracucchu* (arbre à fièvre), et son écorce *cavacucchu* (écorce à fièvre).

Les Quinquinas sont des arbres ou des arbrisseaux toujours verts, à grandes et belles feuilles, à fleurs dont la forme et le parfum rappellent nos lilas. Ils sont répandus sur les deux versants, mais principalement sur le versant oriental de la Cordillère des Andes, dans les républiques de Venezuela, de la Nouvelle-Grenade, de l'Équateur, du Pérou et de Bolivie. Ils forment rarement à eux seuls des agglomérations d'une étendue notable. On les rencontre parfois en bouquets ou groupes, que les Péruviens appellent *manchas* (taches); mais le plus souvent ils sont disséminés dans d'immenses forêts. Ceux qui font leur profession de chercher et d'exploiter les Quinquinas sont appelés, dans l'Amérique du Sud, *Cascarilleros*, et ce nom s'étend également à tous ceux qui se livrent au commerce de l'écorce. Les premiers, dit M. Weddel, sont en général des hommes élevés à ce dur métier depuis leur enfance, et accoutumés par instinct, pour ainsi dire, à se guider au milieu des forêts.

« Les coupeurs ne cherchent pas, en général, le quinquina pour leur propre compte. Le plus souvent ils sont enrôlés au service de quelque commerçant ou d'une petite compagnie, et un homme de confiance est envoyé avec eux à la forêt avec le titre de *mayordomo* ou *majordome*. Il est chargé de l'examen et de la réception des écorces qui lui sont apportées de divers points de la forêt.

« Pour dépouiller l'arbre de son écorce, on l'abat à coups de hache un peu au-dessus de la racine... Lorsque enfin l'arbre est à bas et que les branches qui pourraient gêner ont été retranchées, on fait tomber le périderme en le massant, ou mieux en le percutant avec un petit maillet de bois ou avec le dos même de la hache, et la partie vive de l'écorce est mise à nu et souvent nettoyée encore à l'aide de la brosse; puis, étant divisée dans toute son épaisseur par des incisions qui circonscrivent les lanières ou planchettes que l'on peut arracher, elle est séparée du tronc au moyen d'un couteau ordinaire ou de quelque autre instrument... L'écorce des branches se sépare comme celle du tronc, à cela près qu'elle ne se masse pas, l'usage voulant qu'on lui conserve sa croûte extérieure ou périderme[1]. »

Les écorces, récoltées comme il vient d'être dit, sont soumises à la dessiccation. Pour cela les morceaux provenant des

---

[1] *Histoire naturelle des Quinquinas*, par le docteur Weddel ; in-folio avec planches.

branches, et destinés à faire le quinquina roulé ou *canuto,* sont
simplement exposés au soleil et prennent d'eux-mêmes, en se
contractant, la forme de cylindres creux. Mais les plaques enlevées sur le tronc, et qui doivent constituer le quinquina plat
(*tabla* ou *plancha*), sont ordinairement disposées en piles carrées, comme les planches dans les chantiers, et chargées d'une
grosse pierre ou de tout autre corps pesant qui les empêche de
se recroqueviller. Ce mode de préparation peut d'ailleurs varier

Récolte du Quinquina.

suivant les localités. Dans quelques endroits, on ne presse aucune des écorces, en sorte que même les plus épaisses se
tordent ou se replient plus ou moins sur elles-mêmes.

Une fois séchées, les écorces sont rapportées à dos d'homme
au camp du majordome, qui les examine, rejette celles de
mauvais aloi qu'on y a pu mêler, fait subir aux bonnes écorces,
s'il y a lieu, une nouvelle dessiccation, enfin les réunit en
bottes à peu près égales, qui sont cousues dans du gros canevas de laine apporté à cet effet. Ces sortes de ballots sont
transportés, soit par les cascarilleros eux-mêmes, soit à dos
d'âne ou de mulet, à la ville où se trouve le dépôt. Là on en
enlève l'enveloppe en canevas et on la remplace par du cuir

frais, qui acquiert en se desséchant une grande solidité. Cet emballage constitue ce qu'on nomme des *surons;* il est quelquefois revêtu d'une seconde enveloppe de grosse toile.

Comme on le voit par les détails qui précèdent, le mode d'exploitation des Quinquinas est tout à fait barbare, puisqu'il consiste à détruire purement et simplement les arbres dont on veut avoir l'écorce. Ce système, s'il se continue, aura pour effet de faire disparaître les Quinquinas dans un temps plus ou moins rapproché, ou du moins de les rendre un jour excessivement rares. Les gouvernements de la Nouvelle-Grenade, de la Bolivie et du Pérou ont essayé à diverses reprises d'y remédier en limitant l'exportation; mais ces restrictions ont toujours été illusoires, soit parce que les exploitants parvenaient à tromper la surveillance des agents de l'administration, soit parce que l'état presque permanent de trouble et d'anarchie où se trouvent les républiques de l'Amérique du Sud n'a jamais permis de soumettre cette industrie à des règlements durables. D'ailleurs, au lieu de limiter l'exportation, il serait infiniment plus sage de développer la production, de manière à la maintenir toujours au niveau de la consommation. Ce résultat ne peut s'obtenir qu'en cultivant l'arbre à Quinquina comme on cultive le Caféier, le Cacaoyer, etc., et cela non seulement dans les contrées où cet arbre croît spontanément, mais aussi dans celles où le climat et la nature du sol permettraient de l'introduire. C'est ce que les Hollandais ont déjà entrepris à Java, où il existe maintenant des plantations de Quinquinas en voie de grande prospérité. Néanmoins c'est encore de l'Amérique du Sud que le commerce européen tire la presque totalité des écorces qu'il livre à la droguerie. Les plus estimées, en raison de leur richesse en quinine, sont celles de la Bolivie et du Pérou; c'est de ces contrées que vient le fameux quinquina jaune *kalysaïa* ou *royal.* Les quinquinas de la Nouvelle-Grenade n'arrivent qu'en seconde ligne. On distingue parmi ces derniers le *petayo,* qui est jaune à écorce grise, et le *Carthagène,* qui est jaune et fibreux.

En pharmacie et dans le commerce, les quinquinas sont divisés en rouge, jaune, orangé, gris et blanc. Les médecins ne connaissent et n'administrent guère que les deux premières sortes : le rouge comme tonique et fortifiant, à raison de sa richesse en tanin ; le jaune comme fébrifuge, parce que les alcaloïdes (quinine et cinchonine) s'y trouvent en plus forte proportion. Ils prescrivent quelquefois le quinquina gris, mais seulement dans les cas peu sérieux, car ils ne lui accordent qu'une médiocre vertu; et, de fait, les quinquinas compris sous cette désignation ne renferment qu'une faible proportion de principes actifs.

Ces principes actifs, nous venons de le dire, sont la *quinine* et la *cinchonine*, dont l'extraction est l'objet d'une industrie très active. Le plus usité de ces deux alcaloïdes est la quinine, qu'on emploie journellement, et contre les fièvres intermittentes, et, en général, contre les affections à retours périodiques. La quinine est rarement administrée à l'état libre; le plus souvent c'est à l'état de sels qu'on la fait prendre aux malades, et toujours à petites doses. Les sels de quinine sont tous cristallisables, et, comme la quinine elle-même, d'une amertume insupportable. Les seuls qu'on prépare pour l'usage de la pharmacie sont le sulfate, le chlorhydrate, l'acétate, le citrate, le tannate et le valérianate.

Le sulfate est de beaucoup le plus important. On peut évaluer la production de ce sel en France à 9 ou 10,000 kilogrammes. Une seule maison de Paris en fabrique pour son compte environ 6,000 kilogrammes.

IV

LES VERMIFUGES — LA SEMENCINE — LE GRENADIER — LE KOUSSO
— LES CAMPHRIERS ET LE CAMPHRE

Les amers, en général, agissent comme vermifuges en même
temps que comme toniques, dépuratifs, antiseptiques, etc.
Mais lorsqu'il s'agit de combattre certains parasites redoutables,
tels que les gros lombrics et les ténias, on a recours à des
substances douées, à cet effet, de vertus plus spéciales : tels
sont, parmi les médicaments minéraux, le calomel, et parmi
les drogues végétales, la semencine, la racine de Grenadier, le
Kousso et quelquefois le camphre.

Ce que les herboristes, les apothicaires et avec eux le vulgaire nomment Semencine, *sementine, graine de zédoaire, barbo-
tine, semence sainte,* et plus ordinairement *semen contra* (sous-
entendu *vermes*), c'est-à-dire *semence contre les vers,* est la
fleur, et non pas la semence, comme on l'a cru longtemps, de
diverses espèces d'Armoise, les *Artemisia contra, glomerata,
Santonica, Judaica,* etc. (famille des Composées). Telle qu'on la
trouve dans le commerce, cette substance se compose : d'un
tiers environ de petits grains à peu près gros comme le quart
d'un grain d'avoine, qui constituent le *semen contra* proprement
dit; plus, d'un tiers de petites sommités rabougries, de même
couleur que les grains : ceux-ci sont striés, obtus aux extrémités, d'un jaune verdâtre; enfin le troisième tiers est formé
de pédoncules et d'autres débris végétaux; ce troisième tiers

exhale une odeur aromatique très forte, et qui ressemble à celle de l'anis. Le tout a une saveur âcre et amère. La Semencine renferme une huile essentielle, une résine, une matière extractive et une autre substance *sui generis,* cristallisable, à laquelle on a donné le nom de *santonine,* et qui est le principe actif de la fleur. La bonne Semencine du Levant donne environ $\frac{1}{8}$ de cette substance, qui est peu employée en France, mais dont l'usage est généralement répandu en Allemagne. La santonine est blanche, sans saveur, sans odeur, volatile, insoluble dans l'eau, soluble dans l'éther, l'alcool, l'essence de térébenthine et les acides dilués; elle cristallise en tablettes quadrangulaires, allongées et brillantes. C'est un vermifuge très puissant.

Le Grenadier (*Granatum*) est un arbrisseau qui a l'insigne privilège de former à lui seul, non seulement un genre, mais une famille, celle des Granatées. Il est originaire du nord de l'Afrique, et principalement des environs de l'ancienne Carthage; ce qui l'a fait appeler par quelques auteurs *Granatum Punicum.* Quant au nom de *Granatum,* qu'on a traduit en français par celui de Grenadier, il lui a été donné à cause de la multitude des graines ou semences que contient son fruit, la grenade.

Le Grenadier réussit très bien en pleine terre dans le midi de l'Europe; il peut même supporter les hivers modérés et donner des fruits dans nos climats, pourvu qu'on le mette en espalier, à l'abri des vents du nord. On trouve dans le commerce les fleurs, les fruits, la racine et l'écorce du Grenadier. Ces produits nous sont apportés du Midi comme articles de droguerie. Les fruits se vendent aussi comme fruits de table; mais on les voit rarement figurer en France dans les desserts. Il n'en est pas de même en Espagne et dans les autres pays de l'Europe méridionale, où les grenades sont abondantes, et fort estimées pour leur saveur acide et rafraîchissante.

Les fleurs de Grenadier sont d'un rouge éclatant, et rap-

pellent par cette nuance si vive, et un peu aussi par leur forme,
les roses rouges. Ce sont ces fleurs avortées et séchées qu'on
employait autrefois sous le nom de *balaustes,* à cause de leurs
propriétés astringentes et vermifuges.

La Grenade est une baie qui acquiert le volume d'une grosse
orange. Bien que sa forme soit sphéroïde, elle offre souvent
six angles saillants et arrondis. Elle est recouverte d'une écorce

Le Grenadier.

dure, coriace, rougeâtre à l'extérieur, d'un beau jaune à l'intérieur, très astringente et susceptible de servir au tannage des
peaux. On l'emploie, en effet, à cet usage dans le Midi, sous
le nom de *malicor* (du latin *malicorum,* qui signifie cuir de
pomme). Le jus de la grenade elle-même est un liquide de
couleur rouge vineuse, doué d'une saveur à la fois aigrelette et
sucrée. Il passe pour antibilieux.

La racine de l'arbrisseau est ligneuse, noueuse, pesante, de
couleur jaune, d'une saveur astringente. Elle est revêtue d'une
écorce jaune aussi en dedans, d'un gris jaunâtre cendré en
dehors, cassante, non fibreuse, et possédant, mais à un bien

plus haut degré, toutes les propriétés de la racine elle-même. L'écorce de racine de Grenadier ressemble à celle du Buis; elle en diffère surtout en ce que sa saveur, fortement astringente, est exempte d'amertume. Les anciens se servaient de la racine de Grenadier et de son écorce contre les vers intestinaux, et notamment contre le *tænia solium* (vulgairement et improprement appelé *ver solitaire*). Ce remède avait été abandonné, oublié même depuis longtemps, lorsque, il y a une quarantaine d'années, de nouveaux essais, faits dans l'Inde, l'ont remis en honneur. C'est l'un des deux seuls spécifiques que l'on puisse employer avec certitude du succès pour la destruction du ténia. L'autre est le *Kousso*.

Les Abyssiniens appellent Kousso, ou encore *Kwoso, Cosso, Cotzou, Cabotz, Habbi,* un arbre qui fut décrit d'abord par Bruce sous le nom de *Banksia Abyssinica,* et par Lamarck sous celui de *Hagenia Abyssinica,* et que M. Kunth a nommé plus récemment *Brayera anthelmintica,* parce que les fleurs de cet arbre, apportées de Constantinople par le docteur Brayer, sont depuis longtemps usitées en Abyssinie contre les vers intestinaux. Le Kousso, ou Brayère anthelmintique, est un arbre haut de 20 mètres, dont le tronc, très mou, se termine par une belle cime de rameaux inclinés, à extrémités velues, et marqués de cicatrices annulaires rapprochées, produites par l'insertion des pétioles; les pétioles, dilatées en gaines, portent des feuilles grandes, ramassées vers l'extrémité des rameaux, et composées de 6 ou 7 paires de folioles principales, entremêlées d'autres très petites et presque rondes. Les fleurs sont petites, et forment des panicules très amples. Leur calice, dont le tube est caché par les deux bractées qui accompagnent la fleur, est rétréci par un anneau membraneux portant une corolle à cinq pétales. Ce sont les fleurs, ou mieux, les inflorescences en grappes des fleurs femelles, qui, importées en Europe il y a trente et quelques années par le docteur Brayer, y ont acquis une si grande renommée comme médicament souverain contre le ténia et tous les autres vers intestinaux. Ces inflorescences, telles qu'elles nous arrivent d'Abyssinie, ressemblent un peu à des fleurs de Tilleul brisées. Elles ont une saveur d'abord fade et légèrement mucilagineuse, puis un peu âcre, et une odeur qui se développe seulement dans l'eau chaude, et qui rappelle celle du sureau. Leur infusion rougit le papier de tournesol. Elles paraissent devoir leurs propriétés à un principe résineux auquel on a donné le nom de *koussine*, et qu'on en extrait facilement en les traitant par l'alcool.

Les chimistes rangent sous la dénomination de Camphres ou *Stéaroptènes* un certain nombre de substances organiques neutres, analogues par leur composition aux résines, mais se rapprochant par leurs propriétés des huiles essentielles, dont elles diffèrent surtout en ce qu'elles sont solides à la température ordinaire, ce qui a conduit plusieurs auteurs à les regarder comme des huiles concrètes. Les camphres sont tous incolores, cristallisables, très combustibles, doués d'une odeur particulière, pénétrante et forte, et d'une saveur amère; volatils, peu ou point solubles dans l'eau, solubles dans l'alcool, l'éther, le vinaigre, les huiles essentielles et fixes, les graisses fondues, etc. On peut les extraire de plusieurs végétaux appartenant aux familles des Guttifères et des Lauréacées; mais le *camphre médicinal*, que nous recevons de l'Inde et de la Chine, se tire exclusivement du Laurier camphrier (*Laurus camphora*) et du *Dryobalanops camphora* (famille des Diptéracées). Le camphre du Japon et celui de la Chine sont fournis par la première de ces deux plantes; celui de Bornéo, par la seconde.

Le *Laurus camphora* est un arbre qui croît abondamment dans les provinces orientales de la Chine, au Japon et à Formose. Le camphre se trouve en petits grumeaux tout au plus de la grosseur d'un pois, au-dessous de l'écorce, dans les cavités du bois. Pour l'extraire, on débite l'écorce et le bois en brindilles ou menus morceaux, qu'on chauffe avec de l'eau dans des vases plats surmontés de cônes en carton ou en paille.

de riz nattée. Le camphre se volatilise et vient se condenser en petits grains agglomérés sur la paroi intérieure de ces cônes. Il est alors à l'état de camphre brut. On le purifie par une seconde sublimation.

Le *Dryobanalops camphora,* qui fournit le camphre dit *de*

Le Laurier camphrier.

Bornéo, ou *camphre malais,* ne se rencontre que dans quelques parties des îles de Bornéo et de Sumatra. Les arbres de cette espèce qui passent pour donner le meilleur produit se trouvent dans le district de Barous. Pour recueillir le camphre, les naturels abattent les *Dryobanalops,* les fendent, et enlèvent avec un instrument *ad hoc* les cristaux qui se forment sur les surfaces coupées; mais leur peine est souvent perdue. On assure, en effet, que le dixième au plus des arbres donne des quantités tant soit peu notables de camphre, et l'on ne peut, par aucun signe extérieur, savoir à quoi s'en tenir sur la productivité d'un Dryobanalops avant de l'avoir coupé. Le camphre ainsi recueilli est mélangé de beaucoup de débris ligneux. On le purifie une première fois sur place, comme celui du Japon; c'est en Europe qu'on lui fait subir son raffinage définitif. Le camphre de Bornéo diffère du camphre du Japon par sa composition. Son point de fusion et son point d'ébullition sont plus élevés : 195° et 215°, au lieu de 175° et 204°. Il est donc moins volatil. Du reste, ses autres propriétés et ses usages sont les mêmes.

Le camphre est une substance blanche, translucide, légèrement onctueuse au toucher, à texture cristalline, à cassure brillante. Sa densité est 0,98. Il s'enflamme aisément, et brûle avec une flamme blanche, fuligineuse et odorante, sans noircir et sans laisser aucun résidu. Abandonné au contact de l'air, il s'oxyde, et sa surface devient terne et pulvérulente. L'eau favorise beaucoup son évaporation. Un fragment de camphre projeté à la surface de ce liquide y prend un mouvement gyratoire très rapide, qui dure jusqu'à ce que le camphre ait complètement disparu, à moins qu'on ne verse sur l'eau une goutte d'huile, ce qui arrête aussitôt le mouvement. Ce singulier phénomène est dû à l'évaporation simultanée de l'eau et du camphre, et à la pression qu'exercent les unes sur les autres les molécules des deux vapeurs.

Le camphre est journellement employé comme médicament, le plus souvent externe, quelquefois aussi interne, surtout depuis qu'une partie du public, principalement des classes populaires, s'est mise à suivre le système médical de M. Raspail. Ce système, il faut en convenir, ne laisse pas d'être séduisant : premièrement, parce que, dans la plupart des cas, au moins dans les cas les plus ordinaires et les moins graves, il permet de se passer de médecin, et que, munis d'un petit *Manuel annuaire de la santé*, sorte de catéchisme thérapeutique publié chaque année par le célèbre chimiste, les malades peuvent se soigner eux-mêmes; en second lieu, parce qu'il est simple et peu coûteux. On sait que le camphre est la base de cette médi-

cation fondée sur ce principe que la majorité, sinon la totalité de nos maladies, étant causées par le parasitisme de larves
d'insectes, d'ocarides, d'helminthes et d'autres animalcules pro-
blématiques, il suffit, pour se guérir, d'ingérer ou d'appliquer
sur les parties malades une substance insecticide. Or, d'après
M. Raspail, le camphre est l'insecticide par excellence. Aussi
l'administre-t-il à tout propos et sous toutes les formes.

Ajoutons qu'en résumé la médecine de M. Raspail n'est point
malfaisante; que le camphre, à la vérité, incommode par son
odeur quelques personnes, qui dès lors ne manquent pas de
l'abandonner, mais que d'ailleurs il ne saurait nuire en tant
que médicament externe. Il n'en est pas de même si on l'emploie à l'intérieur. Pris en trop grande quantité et sans discer-
nement, il peut devenir un véritable poison; mais on doit reconnaître que les doses que prescrit M. Raspail ne sont point .
exagérées.

L'action réelle du camphre sur l'économie varie beaucoup
suivant la dose qu'on en prend, suivant le mode d'emploi, et
plus encore suivant le tempérament et l'état de santé ou de
maladie des personnes. On s'accorde néanmoins à reconnaître
qu'il agit : 1° à la façon de tous les amers, comme vermifuge,
et quelquefois comme fébrifuge; 2° comme tonique et antiseptique; 3° dans certains cas, comme sédatif et tempérant. Ses
vertus antiseptiques et vermifuges l'ont fait employer longtemps
dans la préparation des animaux empaillés; on a reconnu depuis qu'il ne suffisait pas à garantir les pièces d'histoire naturelle de l'atteinte des insectes; toutefois on y a encore recours
pour conserver pendant l'été les fourrures et les vêtements de
laine.

<hr>

V

LES PLANTES BÉCHIQUES OU PECTORALES — LES LICHENS
— LES JUJUBIERS — LA RÉGLISSE.

Êtes-vous enrhumé, lecteur? Êtes-vous sujet aux irritations du larynx et des bronches? Les personnes qui s'intéressent à votre santé, qui s'en regardent en quelque sorte comme les gardiens responsables : votre mère, votre femme, votre fille, votre sœur, insisteront sans nul doute pour faire accepter quelque bonne tisane adoucissante, béchique et pectorale. — Acceptez, croyez-moi : cela ne vous fera peut-être pas grand bien, mais cela ne peut vous faire aucun mal, et vous aurez donné satisfaction aux désirs inspirés par une affectueuse sollicitude. On vous laisse le choix: lichen, jujube, réglisse; consultez votre goût. Voici d'ailleurs quelques renseignements sur ces diverses espèces médicinales.

De toutes les plantes dites béchiques ou pectorales, celles auxquelles la médecine accorde le plus d'efficacité sont, je crois, les Lichens, surtout le Lichen d'Islande. On sait que les Lichens sont de petits végétaux agames ou cryptogames qui croissent à la surface des corps. Pierres, métaux, tout, à la rigueur, leur est bon; cependant ils préfèrent en général l'écorce des arbres. Ce ne sont point pourtant des parasites; car ils ne se nourrissent point aux dépens de la plante sur laquelle ils vivent, et qui leur sert seulement de point d'appui, mais aux dépens de l'humidité répandue à sa surface et de « l'air du temps ». Le Lichen d'Islande, appelé par les botanistes *Cetraria*

Islandica, Physcia Islandica, Lichen Islandicus, est très commun dans le nord de l'Europe, et particulièrement en Islande; mais on le trouve aussi en Suisse, en Allemagne, dans l'est de la France et dans les montagnes de l'Auvergne. Il croît indifféremment sur l'écorce des arbres, sur la terre ou sur les rochers. Il est formé de lanières sinueuses, irrégulières, terminées par une sorte d'expansion foliacée bordée de cils très courts. Ces lanières, d'un brun grisâtre, sont coriaces et comme cartilagineuses.

Le Lichen humide n'a qu'une faible odeur vireuse; sec, il est tout à fait inodore; mais sa saveur est toujours amère et désagréable. Lorsqu'on le met à tremper dans l'eau froide, il se gonfle, devient membraneux et cède au liquide, avec un peu de mucilage, presque tout son principe amer. Soumis à l'ébullition dans l'eau, il s'y dissout en grande partie, et le liquide, par le refroidissement, se prend en gelée. Le principe amer dont je viens de parler rend le Lichen répugnant pour les malades, et même pour les gens bien portants; ce qui est d'autant plus fâcheux, que cette mousse jouit de propriétés nutritives précieuses pour les pauvres habitants des pays septentrionaux. On parvient à la débarrasser de son amertume en la faisant infuser à deux reprises dans de l'eau chauffée à 80 degrés environ. Ainsi adouci, le Lichen d'Islande peut remplacer, pour les peuples de l'extrême Nord, le Seigle et le Blé. Dans toute l'Europe, il est considéré comme un bon médicament pectoral, et à ce titre souvent administré sous forme de pâte, de sirop, de potage, etc.

On employait autrefois aussi en médecine le Lichen pulmonaire (*Lich. pulmonarius, Lobaria pulmonaria*), le Lichen pyxidé (*Lich. pyxidatus* et *cocciferus, Scyphophorus pyxidatus* et *cocciferus*), et même le Lichen des pierres (*Lichen saxatilis*), qu'on appelait aussi Usnée du crâne humain. Ce dernier a passé longtemps pour un remède souverain contre l'épilepsie, et celui qui croissait sur la tête des cadavres exposés à l'air était tenu pour infaillible; aussi se vendait-il jusqu'à 1,000

francs l'once; il est vrai qu'il fallait aller le recueillir jusque
sur le crâne des suppliciés dont les corps restaient suspendus
aux fourches patibulaires.

Revenons à nos innocentes plantes béchiques.

Le genre JUJUBIER (*Ziziphus*, famille des Rhamnées) se compose d'arbrisseaux et d'arbres de petite taille, qui paraissent
originaires de la Syrie et de l'Afrique, mais qui croissent
généralement dans les contrées de l'hémisphère boréal voisines du tropique, et sur le littoral de la Méditerranée. Parmi
les espèces assez nombreuses qui composent ce genre, deux
seulement méritent de nous arrêter : c'est le *Jujubier commun*
et le *Jujubier lotos*.

Le premier (*Ziziphus communis*) est un grand arbrisseau qui
fut transporté, sous Auguste, de la Syrie en Italie, d'où sa
culture se propagea assez rapidement en Grèce, en Espagne,
dans les îles de la Méditerranée et dans le midi de la Gaule.
Sa hauteur est de 6 à 8 mètres; son tronc est cylindrique et
recouvert d'une écorce brune. Ses rameaux sont tortueux,
grêles, lisses, flexibles; ses feuilles sont ovales, luisantes, dentelées sur les bords. Son fruit est connu sous le nom de *jujube*.
C'est une drupe ovoïde ou elliptique du volume d'une grosse
olive, recouverte d'une pelure rouge ou rougeâtre, et contenant une pulpe jaunâtre, ferme, d'une saveur agréable et
douce quand le fruit est assez mûr et récemment cueilli.
Lorsque la jujube a été séchée, elle devient plus sucrée, en
même temps que par la fermentation il s'y développe un peu
d'alcool. Au centre se trouve un noyau dur, allongé, divisé
intérieurement en deux loges, dont une seule ordinairement
s'est développée et contient une amande huileuse. Le noyau
est sans usage. Les jujubes se mangent fraîches dans le Midi;
mais la plus grande partie est séchée et livrée au commerce
de droguerie. Les jujubes, en effet, avec les dattes, les figues
grasses et les raisins secs, constituent ce qu'on nomme les
quatre fruits béchiques ou *mucoso-sucrés*. Leur décoction fournit

une tisane réputée adoucissante et pectorale. En effet, elles sont censées entrer dans la composition de la pâte qui porte leur nom; mais les fabricants trouvent que ce nom suffit pour lui communiquer les vertus médicinales qu'on lui attribue, et ils n'y mettent pas plus de jujubes qu'ils ne font entrer de guimauve dans la pâte dite de guimauve. La *pâte de jujube* n'est autre chose qu'un mélange de sucre et de gomme, aromatisé avec de l'eau de fleur d'oranger, évaporé en consis-

Le Jujubier commun. (*Ziziphus communis.*)

tance de sirop, puis coulé et séché à l'étuve dans des moules de fer-blanc.

Le Jujubier lotos (*Ziziphus lotos*) ressemble au précédent par ses caractères botaniques; mais il est beaucoup plus petit; sa hauteur ne dépasse guère 15 à 16 décimètres. Ses fruits, rougeâtres, presque ronds et de la grosseur de ceux du Prunier sauvage, jouissaient dans l'antiquité d'une grande réputation. Le peuple si célèbre sous le nom de *Lotophages* s'en nourrissait, disait-on, presque exclusivement; et, d'après Homère, le sage Ulysse fut obligé d'employer la force pour arracher du pays des Lotophages ceux de ses compagnons qu'il y avait envoyés pour le reconnaître. Les malheureux, en effet, au lieu de retourner à Ithaque avec leur prince, préféraient infiniment rester là à se régaler jusqu'à la fin de leurs jours des fruits délicieux du Jujubier. Soit pourtant que ce fruit ait dégénéré, soit que le goût des modernes se soit modifié, les jujubes d'Afrique, — car c'est dans la régence de Tunis et dans l'île de Zerbi que croît principalement le *Ziziphus lotos*, — ne sont aujourd'hui ni plus ni moins recherchées que les jujubes vulgaires, et leurs usages sont les mêmes.

Vous plaît-il un morceau de ce jus de réglisse?

Ce vers de Molière prouve que l'usage de la réglisse contre le rhume ne date pas d'hier.

Ce qu'on désigne communément sous le nom de bois de Réglisse, et dont l'extrait constitue le *jus noir* des épiciers, est la racine du *Glycyrrhiza glabra*, plante de la famille des Légumineuses, tribu des Lotées, qui croît naturellement dans toute l'Europe méridionale, mais qu'on cultive et qu'on récolte principalement en Turquie, en Espagne, en Italie et dans les départements du centre de la France. Cette racine peut être considérée comme une tige souterraine; car elle présente toutes les parties constituantes du bois proprement dit : écorce, corps ligneux et canal médullaire. Elle est très longue (de 1 à 2 mètres), traçante, cylindrique, lisse ou légèrement rugueuse, grisâtre en dehors, jaune en dedans, à peu près de la grosseur du petit doigt. Elle est douée d'une saveur sucrée, due à un principe particulier qu'on a nommé la *glycyrrhizine*. La glycyrrhizine est incristallisable, et soluble dans l'eau et dans l'alcool. Elle diffère d'ailleurs du sucre en ce qu'elle n'est point susceptible d'éprouver la fermentation alcoolique, et que, traitée par l'acide azotique, elle ne donne point naissance à de l'acide oxalique.

Les usages du bois de Réglisse sont bien connus. Les enfants le mâchent avec bonheur, comme tout ce qui est sucré. On en prépare une décoction qu'on administre comme tisane dans les hôpitaux. C'est une infusion à froid du même bois que les limonadiers ambulants débitent sur les promenades publiques sous le nom de *coco*. Le suc ou jus de réglisse, appelé aussi *réglisse noir* et *jus noir,* s'obtient en faisant bouillir le bois de Réglisse dans de l'eau pendant longtemps. Lorsque la décoction a pris à la racine tous ses principes solubles, on l'évapore dans des bassines jusqu'à consistance d'extrait, puis on enlève cet extrait avec des spatules de fer, et on le moule en bâtons de 12 à 15 centimètres de longueur sur 1 1/2 à

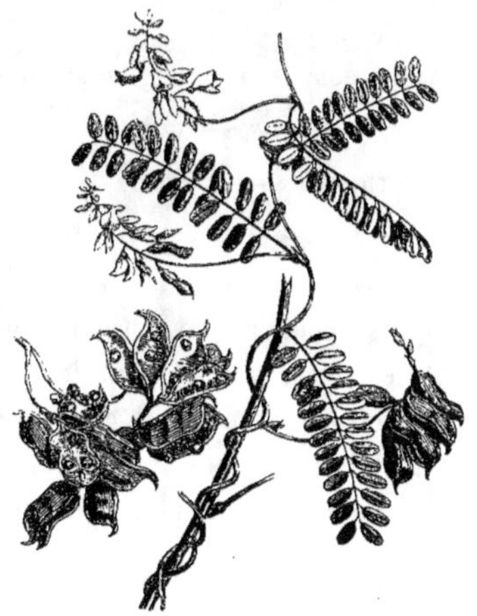

La Liane à réglisse (*Glycyrrhiza glabra.*)

2 centimètres de diamètre, presque toujours aplatis à l'une des extrémités par l'empreinte du cachet de la fabrique.

Pour l'usage des personnes délicates et raffinées on prépare du jus de réglisse anisé, qui est ordinairement en petites baguettes cylindriques enroulées sur elles-mêmes.

Enfin on trouve aussi chez les pharmaciens, les confiseurs et les épiciers, de la pâte de réglisse fabriquée à peu près comme les pâtes de jujube et de lichen, mais où les fabricants ne peuvent se dispenser de faire réellement entrer du jus de réglisse. Les acheteurs ne s'y tromperaient pas, et, comme les fameux gendarmes de la légende, protesteraient énergiquement si on leur livrait de la pâte de réglisse qui ne sentît point la réglisse.

VI

LES PLANTES PURGATIVES — LE FRÊNE-ORNE
— LE RICIN — LE SÉNÉ
— LE CROTON-TIGLIUM — LE JALAP — L'IPÉCACUANA

Il nous reste à nous occuper d'un dernier groupe de plantes médicinales, dont les propriétés..., dont les vertus...; enfin, sauf votre respect, lectrices et lecteurs, c'est de purgatifs qu'il s'agit présentement. Il faut pourtant appeler les choses par leur nom; et l'on peut dire de la purgation, après tout, ce que le poète a dit de la mort :

> Le pauvre, en sa cabane où le chaume le couvre,
> Est sujet à ses lois,
> Et la garde qui veille aux barrières du Louvre
> N'en défend point nos rois.

La science dédaigne les fausses pruderies, et les infirmités de l'humaine nature n'ont rien qui puisse la faire hésiter. Parlons donc le langage de la science, et débutons par quelques définitions.

Il y a des purgatifs qui purgent en provoquant des évacuations alvines : ce sont les purgatifs proprement dits. Il y en a qui purgent en provoquant des vomissements : ce sont les émétiques. Les premiers sont de beaucoup les plus nombreux : le règne minéral et le règne végétal en fournissent un assortiment où les amateurs n'ont que l'embarras du choix. On les divise en simples *laxatifs,* ou purgatifs doux; purgatifs *catar-thiques,* ou de force moyenne, et purgatifs *drastiques,* ou vio-lents. Le règne végétal en fournit de ces trois sortes.

Nous mentionnerons parmi les premiers la manne; parmi les seconds, l'huile de Ricin et le Séné; parmi les troisièmes, le Jalap et le Croton-Tiglium. Quant aux émétiques végétaux, il n'en est qu'un dont nous ayons à entretenir le lecteur, mais il est digne de toute sa considération : c'est l'ipécacuana.

La MANNE est un suc concret qui, dans les contrées méri-dionales de l'Europe, particulièrement en Italie et en Sicile, découle des *Fraxinus ornus* et *rotundifolia* (famille des Jasmi-nées). Le premier de ces arbres contient la manne en si grande quantité, qu'elle en exsude spontanément, soit par les ger-çures naturelles de l'écorce, et même par les pores des feuilles, soit par les piqûres d'un certain insecte, la *Cigale de l'Orne* (famille des Cicadaires). On a cru, à tort cependant, que la production de la manne était due au travail de cet insecte. Pour obtenir cette substance en larmes agglomérées formant des masses volumineuses, on recueille le produit de l'exsuda-tion spontanée : ce que les Italiens appellent *manna spontanea;* ou, plus généralement, on pratique dans l'écorce de l'arbre des incisions qui livrent au suc un large passage, et l'on recueille ainsi la *manna forzata.* En Calabre on distingue encore la manne du tronc, *manna di corpo,* de celle que sécrètent les feuilles, *manna di fronde* ou *mastichina.*

La manne paraît avoir été connue et employée par les anciens. On croit que c'est l'ἐλαιόμελι dont parle Dioscoride. Ç'a été pendant longtemps une croyance généralement répan-due que cette matière tombait du ciel; et de là son nom. Au xvi⁰ siècle il se trouve encore des gens, entre autres Mattioli, pour soutenir que c'était l'*excrément d'un astre!* Ce fut Ange Pelea qui en fit connaître la véritable origine.

La manne est une substance solide, mais de peu de consis-tance, qui se ramollit et fond même dans la main. Elle est de couleur blanchâtre ou jaunâtre, en grumeaux agglomérés; elle se dissout dans l'eau et dans l'alcool; mais ce dernier liquide en sépare à chaud une matière blanche cristalline, assez abondante, qui a reçu le nom de *mannite*. La partie dissoute se compose de sucre incristallisable, de gomme et d'un principe nauséeux, qui est l'élément actif de la manne et lui donne les propriétés laxatives qu'on utilise en médecine.

Outre la manne proprement dite, il existe d'autres produits analogues, qui jouaient autrefois un certain rôle, et sont à peu près oubliés. Tels sont :

La *manne de Briançon,* qui exsude, aux environs de cette ville, des feuilles du Mélèze (*Larix Europæa*), et qu'on recueille sous forme de petits grains jaunâtres;

La *manne d'Alhagi, d'Agul* ou *de Perse,* produite par une espèce de Sainfoin (*Alhagi Maurorum* de Tournefort), propre à l'Asie Mineure et à la Perse;

Le *téréniabin* ou *tringibin,* ou *manne liquide,* fourni aussi, selon quelques auteurs, par l'Alhagi : c'est une matière assez semblable au miel;

La *manne du Liban,* qui découle de l'écorce et des feuilles du *Larix cedrus;*

La *manne du Sinaï,* qui exsude du *Tamarix Gallica,* par la piqûre du *Coccus manniporus,* et qui tient une assez grande place dans l'alimentation des Arabes;

Enfin le *lerp,* ou *manne de la Nouvelle-Hollande,* substance également nutritive, fournie en Australie par certains *Eucalyptus.*

Le genre RICIN (*Ricinus,* famille des Euphorbiacées) est composé d'arbrisseaux et de plantes herbacées de grande taille, dont plusieurs sont cultivées dans les jardins à cause de leur port élégant et de leurs grandes feuilles palmifides bien découpées. La forme de ces feuilles a fait donner à l'espèce commune le nom de *Palma-Christi.* Les Ricins sont originaires de l'Asie et de l'Afrique, d'où ils se sont répandus dans l'Europe méridionale et jusque dans l'Europe tempérée. Le Ricin commun est, dans sa patrie, un arbre assez élevé. Sous notre climat, ce n'est plus qu'une grande herbe annuelel qui atteint 2 à 3 mètres de hauteur. Le fruit du Ricin est une capsule hérissée à trois coques, renfermant des graines con-

Le Ricin.

vexes d'un côté, planes de l'autre, lisses, luisantes, marbrées de taches brunes. L'amande contenue dans ces semences donne une huile qui est le purgatif bien connu en France sous les noms d'*huile de Ricin* et d'*huile de Palma-Christi*, et en Angleterre sous le nom d'*huile de Castor (Castor oil)*. Autrefois la presque totalité de cette huile nous venait d'Amérique, où elle était préparée à chaud par un procédé vicieux qui communiquait au produit une couleur rousse, une odeur et une saveur âcres et répugnantes. Ce n'est qu'en 1809, pendant le blocus continental, qu'on a commencé à extraire de l'huile des Ricins de France ; et il n'y a pas plus d'une trentaine d'années qu'on s'est avisé, dans les fabriques de Nîmes, du procédé si simple de l'expression à froid, qui donne une huile presque incolore, inodore, à saveur faible et très supportable. Cette huile est épaisse, filante, solide vers 12 degrés au-dessus de zéro, siccative, soluble en toutes proportions dans l'alcool absolu. Cette solubilité diminue graduellement à mesure que l'alcool est plus hydraté. La densité de l'huile de Ricin est 0,969. Cette huile est de tous les purgatifs d'origine végétale le plus usité. On l'administre à la dose de 15 à 30 grammes, rarement plus. Quelquefois on augmente son énergie en y ajoutant une goutte d'huile de Croton-Tiglium.

Le Séné officinal, qui jouissait jadis d'une faveur au moins égale à celle que possède aujourd'hui l'huile de Ricin, est fourni par plusieurs espèces du genre *Cassia* (famille des Légumineuses), originaires de l'Égypte, de la Nubie, de l'Éthiopie, du Sénégal, de l'Arabie, de la Syrie et de l'Inde. On comprend sous le nom de *séné,* dans le commerce de droguerie, les *feuilles* ou *folioles,* qui sont bien réellement des feuilles détachées des arbrisseaux du genre *Cassia,* et les *follicules,* qui ne sont autre chose que les fruits de ces mêmes arbrisseaux. On distingue d'ailleurs le séné, d'après sa provenance, en plusieurs sortes : séné *de la Palthe,* — *d'Alep* ou *de Syrie,* — *du Sénégal,* — *de Tripoli d'Afrique,* — *de Moka,* — *de l'Inde,* etc.

Nous arrivons maintenant à des purgatifs qui sont de véritables poisons. L'huile de Croton-Tiglium en est un bien caractérisé et des plus redoutables.

Les semences de Croton-Tiglium, plus communément désignées sous les noms de *graines des Moluques* et de *petits pignons d'Inde,* sont produites par un arbre de la famille des Euphorbiacées, propres aux îles Moluques, et dont le bois est appelé *bois purgatif, bois des Moluques* et *bois de Pavone*. Le fruit est gros comme une aveline, et formé de trois coques minces, dont chacune renferme une semence. Cette semence paraît sensiblement quadrangulaire; elle est de couleur noirâtre, mais recouverte par une épiderme jaune qui la fait ressembler aux pignons du Pin. Elle présente, de l'ombilic au sommet, plusieurs nervures, dont les deux latérales, plus saillantes que les autres, forment deux petites bosses avant de se réunir. Leus dimensions sont d'ailleurs de 11 à 14 millimètres en longueur, 7 à 9 millimètres en largeur de l'une à l'autre des deux nervures latérales, et 8 à 9 millimètres en épaisseur. Toutes les parties de la graine de Croton sont âcres, corrosives et vénéneuses. Depuis un certain nombre d'années on en retire par expression une huile qui possède les mêmes propriétés, et dont une ou deux gouttes suffisent d'ordinaire pour purger violemment. Cette huile est surtout employée comme épispastique et dérivatif, pour produire sur la peau une éruption pustuleuse qui agit à la façon des vésicatoires volants. Son activité, du reste, varie selon son origine, ainsi que son aspect et sa consistance. Celle qui vient de l'Inde par la voie d'Angleterre est fluide, transparente, d'un jaune pâle, et relativement peu active. Au contraire, celle qu'on extrait en France des graines fournies par le commerce est épaisse, de couleur foncée, douée d'une odeur qui rappelle le Jalap, et de propriétés extrêmement énergiques. Elle est soluble en totalité dans l'éther, et en partie seulement dans l'alcool.

Le Jalap est une racine qui jouait autrefois en médecine un rôle très important, et dont l'emploi, bien que restreint aujourd'hui, est cependant loin d'être abandonné. Il doit son nom à la ville de Jalapa ou Xalapa (Mexique), aux environs de laquelle la plante qui le fournit est, dit-on, très abondante. Mais la question de savoir au juste quelle est cette plante, bien que la racine ait été importée pour la première fois en Europe dès le milieu du xvi° siècle, puis étudiée et décrite, à partir de cette époque jusqu'à nos jours, par un grand nombre de botanistes et de voyageurs, est restée bien longtemps douteuse. Il y a seulement quelques années que MM. Ledanois, Bentham et Guibourt l'ont définitivement résolue.

On avait considéré longtemps la plante dont il s'agit comme une Bryone, une Rhubarbe, une Belle-de-Nuit. Monardès, le premier, en 1750, avait décrit le Jalap sous le nom de *Mechoacan sauvage*. Antoine Colin, apothicaire de Lyon, qui vint après, la décrivit fort exactement, mais sans lui donner d'autre nom que son nom médicinal et commercial de racine de Jalap. Beaulieu l'appela *Mechoacan noir* ou *mâle*; Tournefort, *Jalapa officinalis fructu rugoso*. Linné la rangea d'abord dans le genre *Mirabilis;* puis, se ralliant à l'opinion déjà émise par plusieurs botanistes, il n'hésita pas à l'attribuer à une espèce de *Convolvulus,* qu'il appela *Convolvulus Jalapa*. Or la plante qui produit le jalap vrai est bien une Convolvulacée; mais elle est distincte du *Convolvulus Jalapa* (*Batatas Jalapa* de M. Choisy), ainsi que cela est résulté évidemment de l'étude comparative des échantillons apportés du Mexique par M. Ledanois. M. G. Pelletan l'appelait *Convolvulus officinalis;* M. Choisy la comprenait dans le genre *Ipomæa,* sous le nom d'*Ipomæa purga;* mais MM. Guibourt et Bentham ont démontré qu'elle appartient au genre *Exagonium,* et ils la désignent sous le nom d'*Exagonium purga*. C'est à M. Guibourt lui-même que j'emprunte la description de cette plante [1].

Les tiges de l'*Exagonium purga* Bentham, *Taloupatl* des Mexicains, sont rondes, herbacées, d'un brun brillant, volubiles et, comme toute la plante, parfaitement lisses. Les feuilles sont cordiformes, entières, un peu hastées et profondément échancrées à la base. Les pédoncules portent une fleur, rarement deux. Les semences sont lisses. La racine qui constitue le *jalap* proprement dit du commerce est tubéreuse, arrondie, remplie

[1] *Histoire naturelle des drogues simples.*

d'un suc lactescent et résineux. Elle est d'un gris noirâtre extérieurement, blanchâtre ou brunâtre à l'intérieur. Quelques radicelles partent de sa partie inférieure. Du centre de sa partie
supérieure, qui est un peu allongée en poire, s'élève une seule
tige, quelquefois deux ou trois. On trouve aussi des racines
composées de plusieurs tubercules accolés ensemble; mais le
plus souvent un seul tubercule, une seule tige et quelques
radicelles paraissent avoir composé toute la plante. Le jalap du
commerce est souvent entier. Dans ce cas même, son poids ne
dépasse que rarement 500 grammes, et très souvent il est beaucoup moindre. Les auteurs qui ont parlé de racines de Jalap
pesant jusqu'à 25 kilogrammes ont donc commis une erreur, et
pris pour du vrai Jalap officinal la racine décrite par Thierry
de Ménonville, Desfontaines et quelques autres sous les noms de
Batatas Jalapa, Ipomæa macrorrhiza et *Convolvulus officinalis*.
Le jalap vrai est compact, pesant, à odeur nauséeuse, à
saveur amère et strangulante. Il est dangereux à piler. D'après
les analyses de M. Henry, il renferme 140 d'extrait, 48 de
résine (principe actif) et 210 de résidu (albumine, ligneux, sels
de chaux, de potasse et de fer). C'est un purgatif drastique et
même hydragogue. On s'en sert plus aujourd'hui dans l'art
vétérinaire que dans la médecine humaine.

Ce fut vers l'année 1672 qu'on apporta pour la première fois
du Brésil en Europe une racine désignée par les habitants du
pays qui la produit sous le nom de *Poya do mato*, et douée de
propriétés vomitives et antidysentériques très prononcées. On
l'appela d'abord en France *Beconquille* et *Mine d'or*. Elle fut peu
remarquée des naturalistes et des médecins jusqu'en 1686; mais
à cette dernière époque, un marchand étranger en ayant apporté
de nouveau une certaine quantité, elle fut employée avec un
grand succès par Adrien Helvétius, médecin de Reims, et acquit
bientôt une grande renommée. Elle était alors fort rare; les
spéculateurs qui en avaient répandu les premiers échantillons
voulaient se réserver le secret de son origine, et il fallut que

Louis XIV achetât de l'un d'eux ce secret, pour que les navires français pussent aller chercher dans l'Amérique méridionale des cargaisons de cette précieuse racine et la livrer au commerce. On apprit alors à la désigner sous le nom de racine d'Ipécacuana (on dit aussi, par abréviation, Ipéca), qui est probablement celui que lui donnaient les Indiens du Brésil.

Les services signalés qu'elle rendit à la thérapeutique, et la popularité que ces services lui donnèrent, furent cause qu'on en voulut trouver partout, et que, la fraude se mettant de la partie, on découvrit et l'on vendit comme racine d'Ipécacuana, non seulement celles des plantes appartenant au même genre ou à la même famille, mais aussi plusieurs autres, qui n'avaient avec la véritable d'autre trait de ressemblance que des propriétés émétiques plus ou moins actives. On admet actuellement quatre espèces d'Ipécacuana vrai, et l'on connaît un beaucoup plus grand nombre de faux Ipécacuanas, qui peuvent être employés comme succédanés du véritable dans les pays où ils croissent, mais dont l'usage ne s'est pas répandu au delà de leurs limites géographiques.

Les Ipécacuanas vrais sont : l'*Ipécacuana officinal,* ou *Ipécacuana annelé mineur;* l'*Ip. annelé majeur* ou *gris-blanc;* l'*Ip. strié* et l'*Ip. ondulé.*

Le premier est la racine du *Cephælis ipécacuanha,* de la famille des Rubiacées, tribu des Psychotriées. Cette plante croît dans les épaisses forêts du Brésil. Sa tige, simple et ligneuse, atteint une hauteur de 35 centimètres; elle est surmontée de trois ou quatre paires de feuilles ovales, presque glabres, longues de 50 à 80 millimètres. Elle porte de petites fleurs blanches et un fruit ovoïde. Sa racine est fibreuse et empreinte de marques circulaires très rapprochées les unes des autres. On en distingue deux variétés : l'une noirâtre ou brune, l'autre gris rougeâtre; son odeur est forte, irritante, nauséabonde; sa saveur, âcre et aromatique. Son écorce est beaucoup plus riche en principes actifs que son méditullium ligneux. Elle contient, d'après les analyses de M. Peltier, de 14 à 16 parties d'*émétine* (extrait vomitif propre à l'Ipéca), puis de l'amidon, de la gomme, du ligneux, de la cire et une matière grasse odorante.

L'*Ipéca annelé majeur* ou *gris-blanc* provient d'une autre espèce indéterminée du genre *Cephælis*. Il diffère peu du précédent.

L'*Ipéca strié* (*gris-cendré* de Lémery, *noir* de quelques auteurs) est, au contraire, tout à fait distinct des Ipécas annelés.

L'Ipécacuana (*Cephælis ipecacuanha*).

C'est la racine du *Psychotria emetica*, qui, sur l'autorité de Mutis, a longtemps passé pour produire le véritable Ipéca officinal. Cette plante croît au Pérou et à la Nouvelle-Grenade, principalement sur les bords du fleuve de la Madeleine. C'est un petit arbrisseau ligneux, de la même famille et de la même tribu que les précédents, haut de 35 à 45 centimètres. Sa racine, telle qu'on la trouve dans le commerce, a de 3 à 11 centimètres de longueur sur 2 à 9 millimètres de diamètre. Elle est formée aussi d'un méditullium ligneux et d'une écorce plus ou moins épaisse; mais cette écorce, au lieu de paraître formée d'une série de petits anneaux irréguliers, ne présente que quelques étranglements circulaires très espacés, dont la plupart sont de véritables solutions de continuité. Elle est d'ailleurs marquée de rides ou stries longitudinales. Sa couleur est rougeâtre, sa saveur faible; son odeur rappelle celle de l'Ipéca annelé. Elle est moins active que les écorces des racines de *Cephælis*.

L'*Ipéca ondulé* (*blanc* ou *amylacé* de Mérat) est la racine d'une Rubiacée que le docteur Gomez a nommé *Richardsonia Brasiliensis*, et qui croît aux environs de Rio-de-Janeiro. Plusieurs auteurs l'ont rangée parmi les faux Ipécacuanhas.

L'Ipéca annelé mineur est à peu près, au demeurant, la seule sorte qu'on emploie en France. On l'administre le plus souvent comme vomitif, sous forme de poudre, de teinture ou de sirop. Ce dernier est préparé avec l'extrait. On a recours aussi à l'Ipéca contre la dysenterie, les diarrhées intenses, et même contre le choléra asiatique. Enfin on le fait prendre en pastilles et en tablettes, comme expectorant, dans divers cas d'affection des organes respiratoires.

TABLE

LES BOIS

LES PLANTES TINCTORIALES

LES PLANTES A FIBRES TEXTILES

LES PLANTES RÉSINEUSES ET GOMMEUSES

LES PLANTES MÉDICINALES

BIBLIOTHÈQUE ILLUSTRÉE

FORMAT IN-4°, 2° SÉRIE

MARIE STUART (HISTOIRE DE), par M. de Marlès; nouvelle édition revue et considérablement augmentée.

NAPLES, LE VÉSUVE ET POMPÉI, croquis de voyage, par l'abbé G. Chevalier; 22 gravures.

PÊCHES DANS L'AMÉRIQUE DU NORD (LES), par Bénédict-Henry Révoil; 60 gravures.

PLANTES UTILES (LES), par Arthur Mangin; 64 gravures.

SERVITEURS ET COMMENSAUX DE L'HOMME, par Saint-Germain Leduc; 70 gravures.

Tours, impr. Mame.